KB213626

핸드메이드 클래스

올 어바웃 클렌저

올 어바웃 클렌저

1판 1쇄 인쇄 2022년 12월 2일
1판 1쇄 발행 2022년 12월 12일

지은이 서지우
펴낸이 임충배
편집 김민수
영업/마케팅 양경자
디자인 정은진
펴낸곳 마들렌북
제작 (주)피앤엠123

출판신고 2014년 4월 3일
등록번호 제406-2014-000035호

경기도 파주시 산남로 183-25
TEL 031-946-3196 / FAX 031-946-3171
홈페이지 www.pub365.co.kr

ISBN 979-11-92431-07-9 13590
Copyright©2022 by 서지우 & PUB.365, All rights reserved.

- 저자와 출판사의 허락 없이 내용 일부를 인용하거나 발췌하는 것을 금합니다.
- 저자와의 협의에 의하여 인지는 붙이지 않습니다.
- 가격은 뒤표지에 있습니다.
- 잘못 만들어진 책은 구입처에서 바꾸어 드립니다.

핸드메이드 클래스

올 어바웃 클렌저

서지우 지음

Mædəlin Buk

목차

우리 가족 피부 지킴이 "MP SOAP"

우리 가족 피부 지킴이 "CP SOAP"

우리 가족 바디 지킴이 "입욕제"

우리 가족 헤어 지킴이 "두피케어 헤어제품"

목
차

쉽게 만드는
"일상 속 세정제"

매일 건강해지는 착한 세정 습관

천연비누, 입욕제, 헤어 및 생활제품 디자인

나는 30년 가까이 피아노와 함께 살아왔다. 피아니스트는 어린 시절 엄마의 꿈이었고, 나의 꿈이 되었으며, 꽤 오랜 기간 내가 돈을 벌어온 유일한 수단이자, 삶의 목표였다. 그래서인지 나는 항상 손을 많이 쓰면서도, 손을 소중히 잘 관리해왔다. 손이 내 삶에 미치는 영향력, 그 가치에 대해 이미 잘 알고 있었기 때문이다.

반복된 훈련과 관리 덕분이었을까? 나는 손으로 하는 모든 섬세한 분야에 꽤나 재능을 보였다. 가죽공예, 비누 제작, 향초 제작, 입욕제 디자인, 화장품 제작 등 하나 둘 늘려갔던 생활 속 취미들이 어느새 나의 새로운 직업이 되어버렸다. 정확히 말하면, 나는 '직업'을 바꾼 것이 아니라, 여전히 '손'이라는 매개체를 통해 나와 누군가의 삶에 감동과 행복을 전하는 일을 하고 있는 것이다.

그렇게 시작된 수공예의 재료 선정부터 구매, 제작, 디자인, 보관까지 모든 공정과정에 많은 노력과 정성을 들여야 함에도 불구하고, 나의 삶은 이전보다 더욱 풍요로워졌다. 믿을만한 재료들로 만든 착한 제품들을 나누며, 가족 및 주변 사람들과 건강한 삶을 함께 경험한다는 것은 물질적 풍요를 넘어 더 큰 정신적 풍요를 내게 선물해주었다. 나의 이러한 경험들을 더욱 많은 사람들과 함께 나누면 좋겠다고 생각하던 찰나, 우연찮게 책 발간의 기회가 찾아와 부족하지만 이렇게 용기를 내게 되었다.

어떤 이야기가 독자들에게 유익할까 고민하던 중, 자연에서 홀로 살아가는 사람들에 대한 프로그램, 정글에서 살아남는 프로그램들이 뇌리를 스쳤다. 어디서나 잘 살아남는 사람들은 자신을 건강하게 지킬 수 있는 최소한 한 가지 생존법을 가지고 있다. 가령, 독초와 약초를 구별하는 능력이 있거나, 맨 손으로 물고기를 잡을 수 있는 능력을 가졌거나 말이다. 지금 우리가 사는 도시는 맹수만 없을 뿐, 코로나 19 등 각종 바이러스가 난무하며 불안에 떨게 하는 정글과 다름없지 않은가? 정글 속에서 살아남을 수 있는 자신만의 특별한 방법이 없다면, 생활 속에서 가장 쉽게 실천할 수 있는 생존법 '세정(씻어서 깨끗이 하는 것)'을 추천하고 싶다.

본 책에서는 생활 속에서 쉽게 구할 수 있는 천연재료로 만드는 다양한 핸드메이드 세정제품들과 그 레시피들을 직접 소개한다. 단, 아무리 좋은 천연재료라도 개인의 체질에 따라 효과에 차이가 있거나, 부작용이 발생할 수도 있으니 사용 전 국소부위에 피부테스트를 권장한다.

우리가 살고 있는 일상의 순간들이 얼마나 가치 있고 소중한 것이었는지, 우리 모두가 함께 관리하지 않으면 얻을 수 없는 것이 바로 일상의 행복이라는 것을 꼭 기억하고 작은 습관의 변화부터 실천할 수 있기를 응원한다. 마지막으로 이 책을 발간하기까지 가장 큰 힘이 되어준 사랑하는 남편과 가족들, 그리고 많은 도움을 주신 ISDH(국제디자인수공예협회)의 임원진 및 모든 선생님들께 고마움을 전한다.

모두의 안녕을 꿈꾸며, 지우☆

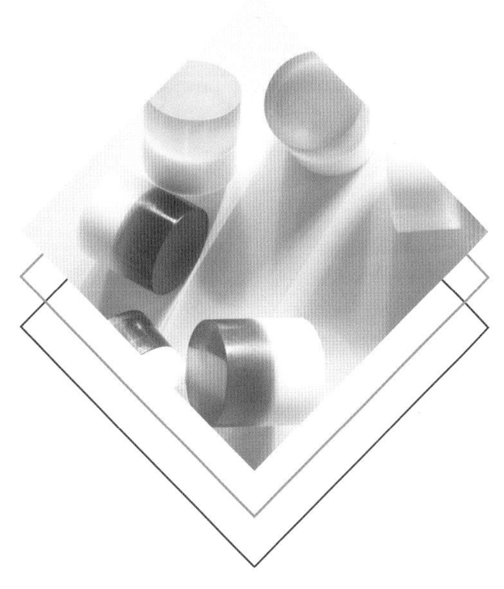

우리 가족 피부 지킴이

"MP SOAP"

우리 가족 피부 지킴이 "착한 세정제 비누"

Natural soap making

건강한 일상의 필수품이자, 취향과 스타일을 담은 천연비누

고대 로마인들에게는 사포(Sapo)의 언덕에서 양을 태워 제사를 지내는 풍습이 있었다. 이때 생긴 기름과 타다 남은 재가 섞여 강으로 흘러갔고, 강가에서 빨래하던 고대 여인들이 이것을 이용하면 쉽게 빨래를 할 수 있다는 것을 발견했다. 이후 사람들은 사포산에서 내려온 재가 섞인 기름진 물질을 Soap이라고 불렀고, 이것이 우리가 사용하는 비누의 시작이 되었다. 그렇게 시작된 비누는 인류가 겪어온 많은 병을 예방해주고, 평균 수명을 20년 정도 늘린 위대한 발명품으로 여전히 우리 삶 곳곳에 함께하고 있다.

비누의 형태는 고체비누부터, 폼클렌징 형태, 액상비누 등 그 형태뿐만 아니라, 재료, 디자인 등 변신을 거듭해왔다. 그럼에도 불구하고 고체비누가 많은 사람들에게 여전히 사랑받는 이유는 아마 유효성분 함량 때문일 것이다. 액상의 경우, 정제수 함량이 높아 실질적인 유효성분이 부족하지만, 고체비누는 유효성분을 다량 함유할 수 있어 효과적인 세정 및 피부관리가 가능하기 때문이다. 여기에, 요즘은 천연재료나 자연 유래 계면활성제로 원료 본연의 효능을 해치지 않은 건강한 고체비누들이 더욱 주목받고 있다.

더불어, 단순한 기성 비누 대신 본인의 개성과 취향을 담은 맞춤 디자인 비누를 제작하는 사람들이 늘어나고 있다. 비누의 세정 기능뿐만 아니라, 각자의 피부 타입을 고려한 섬세한 재료 선정부터, 함께 사용할 사람들을 생각하며 창작하는 즐거움, 그리고 노력과 정성으로 이뤄낸 결과물을 실제 사용하는 경험이 꽤나 특별하기 때문이다.

본 파트에서는 다양한 천연재료들을 활용한 디자인 비누들과 초보자도 쉽게 따라 할 수 있는 제작방법을 함께 소개한다. 나와 우리 가족의 피부 타입을 고려한, 맞춤 디자인 비누로 건강한 피부를 만들어보자.

1

천연비누 제작 시 필요한 도구 및 준비물

가열 도구

핫플레이트나 인덕션 등을 사용하며 비누 베이스를 녹이거나, 제형에 열을 가해 녹이는 등의 용도로 사용한다. 열(화력)의 세기를 조절할 수 있는 제품을 골라야 하며, 사용 후에는 반드시 환기하도록 한다. 사용 후 식은 핫플레이트의 경우, 화구 부분에 은박접시를 덮어 사용하면 깨끗하게 관리할 수 있다.

저울

오일류, 분말류 등 재료의 중량을 측정하기 위한 도구다. 최소 측정단위가 1g 혹은 0.1g, 최대 측정 중량이 3kg 이상인 저울을 구비하는 것이 좋으며, 전자저울을 사용하면 더욱 편리하게 측정할 수 있다.

온도계

비누 제조 시 온도 측정이 필요한 경우에 사용한다. 비누액을 비롯하여, 가성소다 수용액 및 오일의 교반 온도를 적절하게 맞추기 위한 용도로, 유리온도계, 전자온도계, 적외선온도계 등이 있다.

블렌더, 미니 블렌더

CP비누 제조과정에서 오일과 가성소다 수용액의 교반을 위해 비누액을 고르게 섞는 용도로 사용한다. 강도를 조절할 수 있는 블렌더를 선택하는 것이 좋으며, 분말형 재료를 뭉치지 않게 잘 섞어주는 용도로도 사용할 수 있다. 미니 블렌더를 사용하면 색소를 오일이나 물에 섞을 때 빠르게 잘 섞을 수 있다.

내열유리병

가성소다와 정제수를 교반할 때 사용한다. 교반할 때 온도가 100도 이상으로 상승하기 때문에 반드시 내열유리로 만들어진 유리병을 사용해야 한다.

스테인리스 비커	비누의 재료 중, 오일류를 계량할 때 사용한다. 비누액에 블렌더를 사용할 때에도, 쉽게 상처 나지 않도록 내구성 좋은 스테인리스 비커를 사용하는 것이 좋다. 내열유리병을 대신하여 가성소다와 정제수를 섞은 가성소다 수용액을 만들 때에도 사용할 수 있다.
플라스틱 비커	비누액을 소분하여 조색하는 등의 용도로 사용하며, 내열기능이 있는 소재를 사용하는 것이 좋다. 비누액을 나누어 붓는 용도로도 사용하기 때문에 손잡이가 있는 것이 편리하다.
주걱	비누 제조 시 오일류 및 가성소다 수용액을 고루 섞어줄 때 사용한다. 비누액을 소분하거나 몰드에 부을 때에도 사용하면 편리하며, 큰 사이즈, 작은 사이즈의 주걱을 따로 구비하여 용도에 맞게 사용하도록 한다.
비누 몰드	비누액을 부어 굳히기 위한 도구로, 대표적으로 실리콘 몰드와 아크릴 몰드가 있다. 500g 이상의 대용량 몰드를 사용하여 완성된 비누를 원하는 크기로 잘라서 사용할 수도 있고, 1개 분량의 몰드에 각각 부어 제조할 수도 있다. 원하는 용량, 재질 및 디자인의 몰드를 구매하여 사용하도록 한다.
보온박스	CP비누의 경우 비누액을 몰드에 부은 후 24~48시간 정도 보온할 때 사용한다. 비누 제조 시 외부 온도를 고려하여 핫팩, 담요 등을 추가적으로 사용하여 적정온도를 맞추도록 한다.
비누 컷팅기	대용량 몰드로 비누를 제조한 경우, 완성된 비누를 사용하기 적절한 사이즈로 자를 때 사용한다.
pH테스트지	완성된 비누의 산도를 측정하기 위한 용도로 사용하며, 비누 사용 전 반드시 pH테스트를 거친 후 사용한다.(적정 pH 7~8)
앞치마, 장갑, 보안경	비누액 및 재료 등이 피부나 눈에 닿으면 자극을 주기 때문에 이를 보호하기 위한 용도로 사용한다. 비누 제조 시 앞치마 및 장갑을 착용하면 비누액이 묻어 옷과 피부가 손상되는 것을 방지할 수 있다.

Tool

저울

유리병

스테인리스 비커

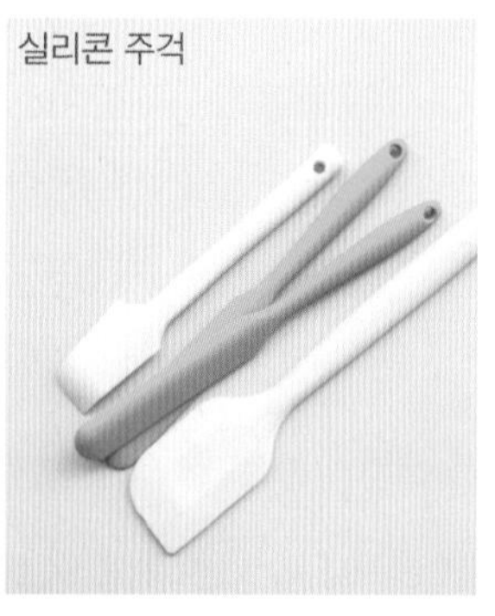
실리콘 주걱

시약 스푼, 온도계

대용량 몰드

소형 몰드

유리 비커

비누 커터기

보온용 스트로폼

앞치마, 장갑, 보호안경

pH테스트지

2

천연비누 종류 및 제조법

MP비누(melt & pour) 녹여 붓기

녹여 붓기 비누는 공장에서 이미 비누화 반응을 거친 비누로 무색 무광의 반제품 형태이다. 비누 베이스를 녹인 후 원하는 향과 색을 첨가하여 비누 몰드에 붓고 굳히기만 하면 바로 사용이 가능하다. 공장에서 만들어지는 비누 베이스를 기본으로 하기 때문에 천연비누라고하기엔 부족한 감이 있지만, 여러 첨가물들을 더해 보습 등 부족한 기능을 높여주면 된다. 다양한 몰드에 녹여 부어 자유롭게 표현할 수 있으나, 유효기간은 3~6개월로 짧다.

CP비누(cold process) 저온 교반 숙성비누

CP는 'Cold Process'의 약자로 천연비누의 가장 대표적인 제조 방법이며, 저온법 비누라고도 한다. 교반 온도는 40℃~55℃로, 베이스 오일과 가성소다 수용액을 혼합해서 만든다. CP비누는 대표적인 기능성 핸드메이드 비누이다. 24시간~48시간 보온 및 4~6주 숙성 건조 후 사용한다. 단, 비누의 레시피가 같아도 교반 시 상황, 시간, 기온, 습도, 보온 상태에 따라 변수가 많을 수 있다. 유효기간은 1년~2년이다.

리배칭(Rebatching) 비누(재가열법)

리배칭(Rebatching)은 재가공한다는 의미를 가지고 있다. 비누를 재활용하는 방법 중 하나로, 비누를 컷팅하고 남은 자투리 등을 모아 만드는 비누이다. 가성소다를 사용하지 않아도 되므로 작업이 간단하며, 안전하고 독특한 비누를 만들 수 있다. 비누 칩의 제작 날짜에 따라 건조 기간이 달라질 수 있다.

MP SOAP
(녹여 붓기 / Melt & Pour)

MP비누의 MP는 'Melt & Pour'의 약자로 '녹여 붓는다'라는 의미를 갖고 있다. 공장에서 비누화 반응이 끝난 비누 베이스를 녹여 원하는 색소나 향, 다양한 첨가물을 넣어 제작한다. 초보자도 손쉽게 만들 수 있으며, 작업 시간이 짧은 편이라 아이들과 함께 만들기에도 적합하다. 비누 베이스는 타거나 색의 변화가 일어날 수 있어 중탕 혹은 약탕에서 녹이고, 첨가물을 넣어 다양한 비누 몰드에 부어서 완전히 굳힌 후, 꺼내어 바로 사용 가능하다. 바로 사용하지 않을 시 포장하여 보관한다.

Main material

MP 비누 제작에 사용되는 비누 베이스는 여러 식물성 오일과 수산화나트륨을 사용하여 제조 및 공정화 된 비누다. 비누 베이스에는 일반 비누 베이스와 트리에탄올아민이 첨가되지 않은(TEA-FREE 혹은 NO TEA) 비누 베이스가 있는데, 트리에탄올아민은 예민한 피부에는 자극적일 수 있어 사용하지 않는 것이 좋다. 투명비누 베이스와 화이트 비누 베이스가 일반적이며, 무향 무색이다.

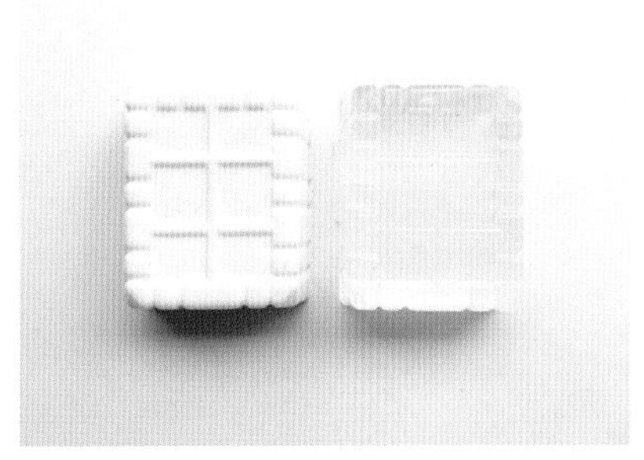

화이트 비누 베이스, 투명 비누 베이스

비누 베이스 깍둑썰기

MP SOAP Basic making Process

1. 비누 베이스를 깍두기 크기로 자른다.
2. 전자레인지에 녹이거나 스테인리스 비커에 담아 핫플레이트에서 녹인다.
3. 녹인 비누 베이스에 원하는 보습제(글리세린, 오일) + 기능성 첨가물(천연 분말, 허브) + 향(에센셜 오일 E.O, 프래그런스 F.O) + 색소 등을 첨가한다.
4. 윗면에 기포가 생겼을 경우 알코올을 분사해 없애준다.
5. 몰드에 부어준 후 완전히 굳으면 몰드에서 빼낸다.
6. 사용 혹은 바로 포장한다.

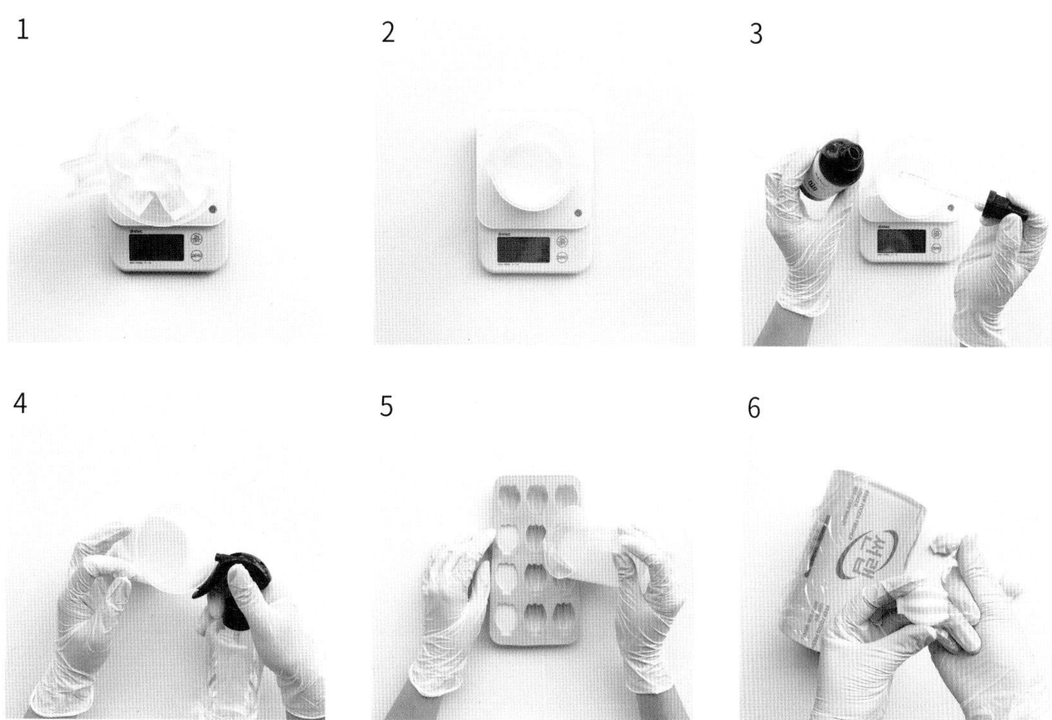

Point 비누 베이스는 글리세린이 다량 함유되어 있기 때문에, 몰드에서 꺼낸 후 공기 중에 그냥 방치하면 글리세린이 공기 중의 수분을 끌어당겨 비누 표면에 물방울이 맺히는 현상이 생긴다. 물방울에 먼지가 흡착되면 비누 표면이 더러워질 뿐만 아니라 산패가 빨라지니, 몰드에서 꺼낸 비누는 스탬프 작업 후 랩이나 비닐 등으로 포장하여 직사광선을 피해 그늘지고 서늘한 곳에 보관하는 것이 좋다.

MP 허브솝

우리가 먹는 후추도 미라의 부패방지를 위해 사용한 허브의 일종이며, 유럽 왕족들이 아름다움 유지를 위해 피부에 문질러온 장미 가루도 허브의 일종이다. 그밖에, 식용과 아로마테라피에 가장 많이 사용되는 로즈마리와 민트류, 불면증에 좋은 라벤더 등 허브는 삶의 곳곳에 참 다양하게 활용되고 있다. 수많은 허브 중 비타민C가 레몬의 17배가 함유되어 있는 로즈 플라워, 항산화 성분을 포함하고 있어 피부질환과 염증에 효과적인 카렌듈라, 건조한 피부와 홍조에 좋은 수레국화를 사용하여 간단한 허브 솝을 만들어보자.

Tool　스테인리스 비커, 핫플레이트(전자레인지), 저울, 플라스틱 비커, 스푼, 실리콘 몰드

Material　총량: 몰드 개당 100g x 3

투명비누 300g, 로즈플라워 허브, 카렌듈라 허브, 수레국화 허브, 글리세린 6g, 로즈 프래그런스 오일 3g

How to make

1. 잘게 자른 투명 비누 베이스를 계량 후 녹인다.
2. 녹인 비누 베이스에 글리세린 6g과 로즈 프래그런스 오일 3g을 넣고 잘 섞는다.
3. 비누 베이스를 100g씩 나눈 후 원하는 허브를 넣고 섞는다.
4. 각 몰드에 3번을 붓는다.(총 3개의 몰드에 각각)
5. 위 표면에 생긴 기포는 에탄올을 뿌려 제거한다.
6. 비누가 완전히 굳으면 몰드에서 빼낸 뒤 사용한다.
   tip 바로 사용하지 않을 경우 랩으로 포장해둔다.

Point

1. 허브가 너무 크거나 많이 첨가될 경우, 하수구가 막힐 수 있으니 비누거품망을 사용하자.
2. 투명비누 베이스 외에 화이트 비누 베이스를 사용해도 좋다.
3. 2~3번 과정에서 작업 속도가 너무 늦어질 경우 비누 베이스 온도가 떨어지면서 굳을 수 있으니 주의하자.

1
2
3
4
5
6

MP 천연 분말 솝

청대, 치자, 백년초 세 가지 분말을 사용하여 초간단 천연 분말 비누를 제작해보자. 청바지의 시초인 리바이스도 청바지 염색에 사용했다는 청대. 미국의 카우보이들이 청바지를 즐겨 입은 것은 항균, 제독, 방충, 치유 등의 목적도 있었기 때문이라고 한다. 매우 찬 성질을 가진 치자는 화병이 자주 발생하는 사람에게 더없이 좋으며, 피부염증, 아토피에도 효능이 있다고 알려져 있다. 백 가지 병을 다스린다는 백년초는 선인장 열매로, 플로보노이드 등의 항산화물질과 비타민이 풍부하다.

Tool 스테인리스 비커, 핫플레이트(전자레인지), 저울, 플라스틱 비커, 스푼, 실리콘 몰드

Material 총량: 몰드 개당 100g x 4

투명비누 베이스 200g, 화이트 비누 베이스 200g, 네롤리 에센셜 오일 4g(전체 양의 1%), 글리세린 9g, 청대 분말 1g, 치자황 분말 1g, 백년초 분말 1g, 에탄올

How to make

1. 청대, 치자황, 백년초 분말에 글리세린을 각 3g씩 넣고 잘 섞어 천연색소를 준비한다.
2. 잘게 자른 투명 & 화이트 비누 베이스를 계량 후 녹인다.
3. 녹인 비누 베이스에 네롤리 에센셜 오일 4g을 넣고 잘 섞어준다.
4. 준비된 비누 베이스를 100g씩 네 개로 나눈 후 하나씩 원하는 천연 분말 색소를 넣어 섞어준다.
5. 조심히 몰드에 부어준다.
6. 위 표면에 생긴 기포는 에탄올을 뿌려 제거한다.
7. 다른 색상의 비누 베이스도 5,6번처럼 제작한다.
8. 비누가 완전히 굳으면 몰드에서 빼낸다.
   tip 바로 사용하지 않을 경우 랩으로 포장해둔다
9. 골드펄을 사용해 스탬핑을 해준다.
   tip MP비누에 스탬핑 작업을 할 때는 고무도장을 사용한다.

Point

1. 천연 분말을 글리세린과 섞을 때 덩어리가 없도록 잘 개어주면 알갱이가 없이 깨끗하다.
2. 화이트 비누 베이스만 사용했을 때는 천연 분말의 색이 선명해 보이지 않아 자칫 분말을 과다하게 첨가해야 하기 때문에 투명 베이스와 어느 정도 섞어 농도를 조절하면 예쁜 색 표현이 가능하다.

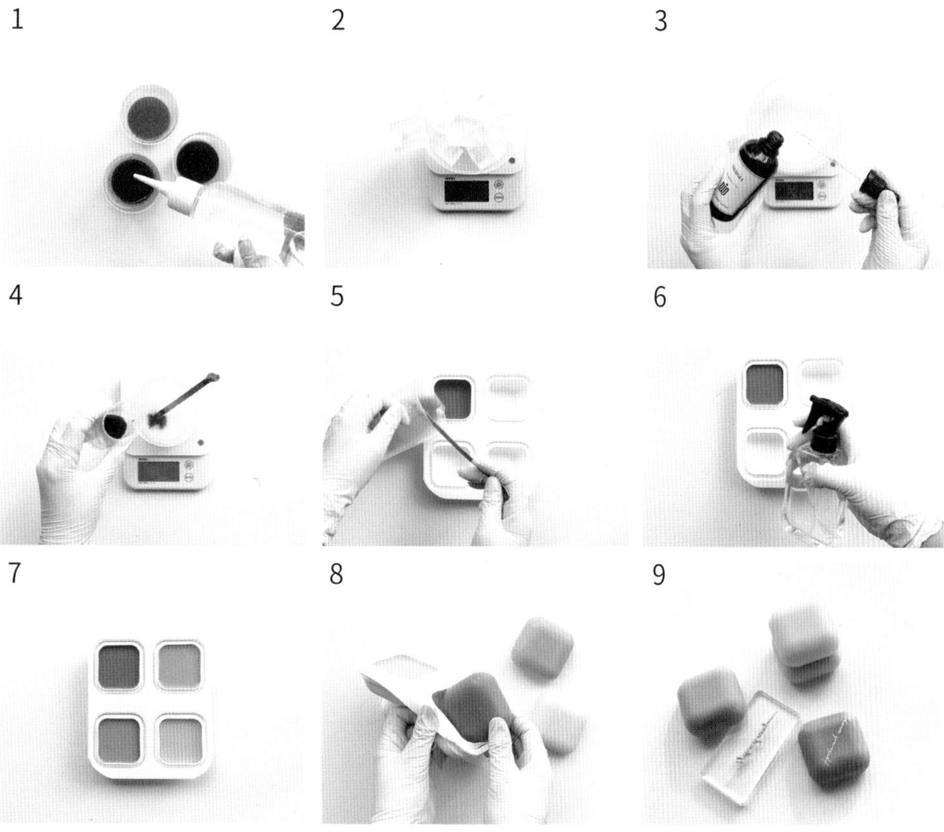

수세미 솝

주렁주렁 오이 같기도 하고, 바게트를 닮기도 한 천연수세미는 다용도로 사용되는 자연 친화적인 수세미다. 촘촘한 섬유조직의 스펀지 같은 구조로 되어 있어서 아크릴 수세미 대비 기능면에서 손색이 없다. 각질 제거용으로도 더없이 훌륭하다. 제로 웨이스트 실천을 마음먹었다면 무조건 첫 단추는 천연수세미다.

Tool 스테인리스 비커, 핫플레이트(전자레인지), 저울, 플라스틱 비커, 스푼, 컷팅 칼, 실리콘 몰드(100g)

Material 총량: 몰드 1개 100g
투명비누 베이스 100g, 천연수세미 1조각, 글리세린 3g, 오트밀 분말 1g, 페퍼민트 에센셜 오일 1g, 에탄올

Tip 수세미는 미색부터 갈색까지 그 색상이 아주 다양하다. 자연 건조된 천연수세미는 섬유질이 착색되면서 갈색이 되는 자연스러운 현상을 보인다. 삶은 후 몇 번의 건조 과정을 거치면 색이 밝아지는데, 너무 화이트에 가까운 수세미는 표백 과정을 거친 수입품일 가능성이 높으니 참고하자.

How to make

1. 천연 수세미를 몰드에 맞는 크기로 자른다.
2. 비누 몰드에 자른 수세미를 끼워 넣는다.
3. 오트밀 분말을 글리세린에 미리 개어놓는다.
4. 투명 비누 베이스를 녹인 후 3번을 넣고 잘 섞어준다.
5. 페퍼민트 에센셜 오일을 넣고 골고루 잘 섞어준다.
6. 수세미를 넣은 몰드에 비누 베이스를 부어준 후 에탄올로 기포를 제거한다.
7. 비누가 완전히 굳으면 몰드에서 빼낸 뒤 사용한다.
   tip 바로 사용하지 않을 경우 랩으로 포장해둔다.

Point

1. 오트밀 분말은 귀리를 곱게 빻은 것으로 단백질이 풍부하고 식이섬유가 많은 곡물이다. 각질 제거와 속 건조, 피부 진정에 효과가 탁월하며, 환절기 푸석해지기 쉬운 피부에 충분한 보습 및 영양을 부여할 수 있다. 또한, 유아부터 성인까지 안심하고 사용할 수 있는 천연 분말이다.

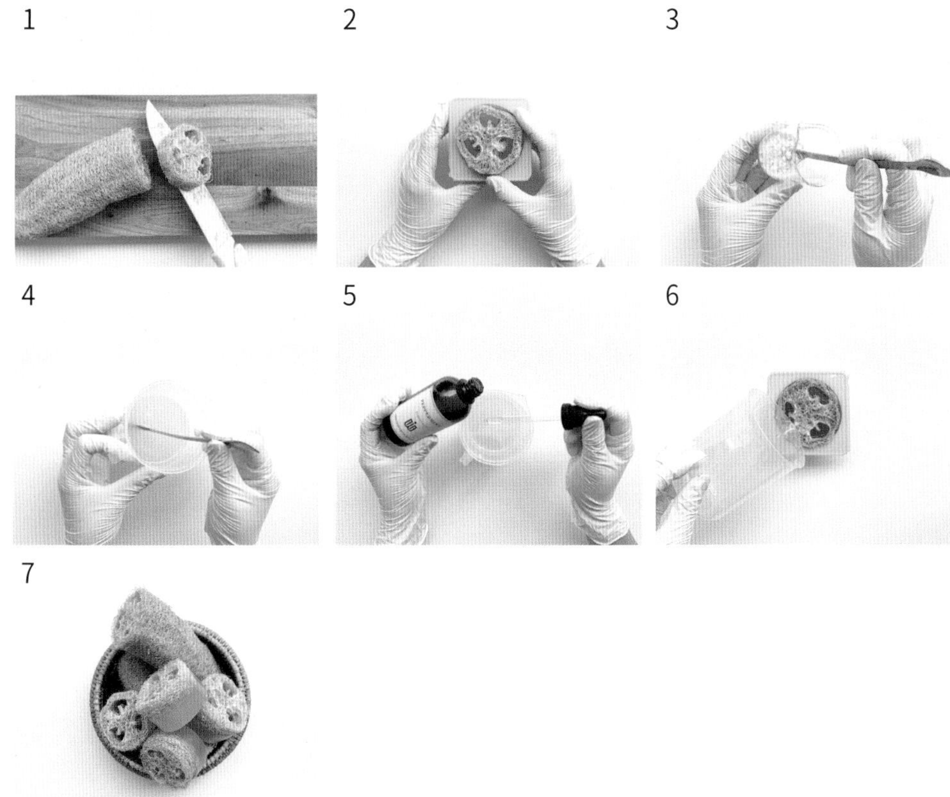

멘톨 쿨링 비누

뙤약볕 아래에서 온종일 바쁘게 움직인 날, 온몸이 땀범벅이 되어 끈적거린다면? 스포츠를 즐기는 사람, 샤워 후 시원한 청량감을 원하는 사람에게 꼭 추천하는 멘톨 쿨링 비누. 청대가 모공 속 노폐물과 각질을 깨끗하게 씻어주고, 프레쉬한 스피어민트로 쿨링감이 온몸을 감쌀 것이다. 석양녘의 시원한 바다에 첨벙 빠지는 느낌을 경험해보자.

Tool　스테인리스 비커, 핫플레이트(전자레인지), 저울, 플라스틱 비커, 스푼, 실리콘 몰드(몰드 개당 80g x 3)

Material　총량: 몰드 개당 80g x 3
투명비누 베이스 120g, 화이트 비누 베이스 120g, 멘톨 0.5g x 2, 천연 분말 색소 청대 1g, 글리세린 6g(베이스용 4g, 색소용 3g), 스피아민트 에센셜 오일 2g, 에탄올

How to make

1. 잘게 자른 투명 비누 베이스와 화이트 비누 베이스를 각각 계량 후 녹인다.
2. 막 녹인 따뜻한 두 비누 베이스에 멘톨을 각 0.5g씩 첨가하여 잘 녹여준다.
3. 두 비누 베이스에 스피아민트 에센셜 오일을 각 1g씩, 글리세린 각 2g씩 넣은 후 잘 섞어준다.
4. 투명 비누 베이스에 청대 분말 색소를 넣어 컬러 베이스를 만들어준다.

   tip 청대 분말을 미리 글리세린 3g에 개어놓는다.
5. 준비된 몰드에 각 40g씩 부어준다.(40g x 3)
6. 위 표면의 기포는 에탄올로 제거한다.
7. 투명 비누 베이스 위 표면이 살짝 굳으면, 화이트 비누 베이스 40g씩 각각 부어준다.

   tip 투명 비누 베이스가 굳을 동안 기다리게 되면 화이트 비누 베이스도 굳기 시작한다. 이때 화이트 베이스가 굳었다면 살짝 데워 녹여준다. 화이트 베이스가 너무 뜨거우면 아래 투명 베이스를 녹일 수 있으니 주의하자.
8. 에탄올로 기포를 제거한 후 굳힌다.
9. 비누가 완전히 굳으면 몰드에서 빼낸다.

   tip 바로 사용하지 않을 경우 랩으로 포장해둔다.

Point

1. 천연 분말을 글리세린과 섞을 때 덩어리가 없도록 잘 개어주면 알갱이가 없이 깨끗하다.
2. 화이트 비누 베이스만 사용했을 때는 천연 분말의 색이 선명해 보이지 않아 자칫 분말을 과다하게 첨가해야 하기 때문에 투명 베이스와 어느 정도 섞어 농도를 조절하면 예쁜 색 표현이 가능하다.

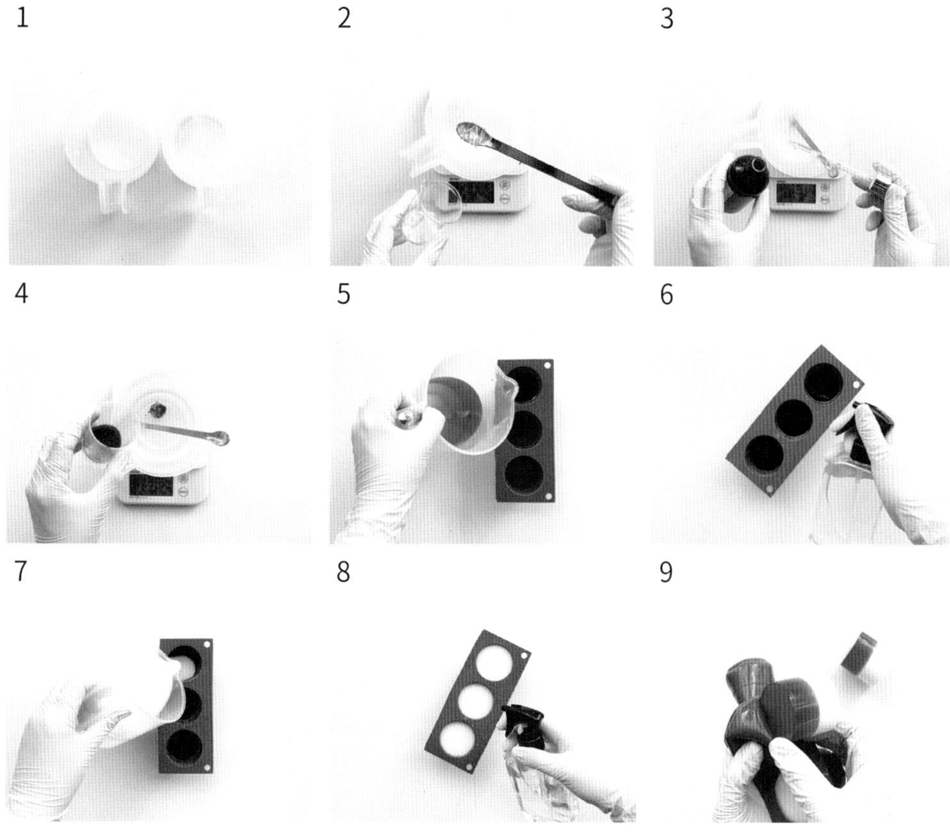
1
2
3
4
5
6
7
8
9

휴대용 포켓 스틱 비누

전염성 질병들이 유행하면서 어느 때보다 손 씻기가 중요해진 요즘이다. 손 소독 젤, 손 소독 스프레이도 좋지만, 포켓 스틱 비누를 휴대한 당신이라면, 센스 만점! 작은 핸드백에도 쏙 들어가는 스틱 포켓 비누로 언제 어디서든 세균이나 바이러스로부터 건강을 지켜보자. 좋은 향기와 알록달록한 컬러로 주위 시선까지 사로잡을 것이다.

Tool 스테인리스 비커, 핫플레이트(전자레인지), 저울, 플라스틱 비커, 스푼, 스틱 밤 용기 30ml

Material 총량: 용기 개당 30ml x 3
화이트비누 베이스 90g, 글리세린 2g, 수용성색소, 라임 에센셜 오일 1g, 에탄올

은은하게
매력적인♡
미소짓는:-)

How to make

1. 스틱 밤 용기를 에탄올로 소독한다.
2. 녹인 화이트 비누 베이스에 라임 에센셜 오일을 첨가한다.
   tip 레몬 혹은 티트리도 대체 가능
3. 비누 베이스를 각 30g씩 나눈 후 수용성색소를 첨가해 원하는 색을 낸다.
   tip 색소는 천연 분말, 마이카 등 다양한 색을 사용해도 좋다.
4. 준비해둔 스틱 용기에 베이스를 조심히 부어준 후 위 표면에 생긴 기포는 에탄올을 뿌려 제거한다.
5. 비누가 완전히 굳으면 스틱을 돌려 사용한다.
   tip 사용 시 물기를 티슈 등으로 제거한 후 뚜껑을 닫아 휴대한다.

Point

1. 겉면이 굳었다 하더라도 용기 속 비누액은 아직 덜 굳었을 수 있으니 충분한 시간이 지난 후 스틱을 돌려 사용한다. 시중에 파는 다양한 선스틱용 용기를 구매하면 된다.

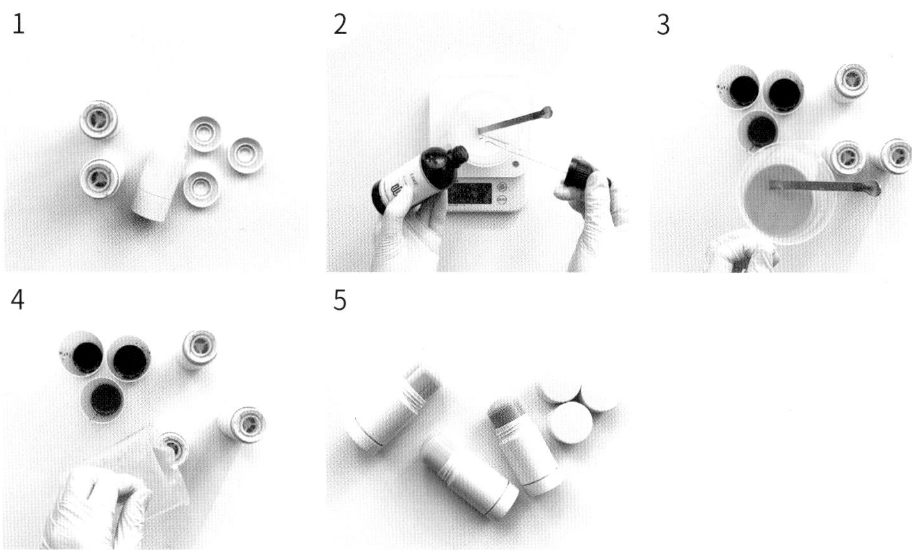

미니미 캐릭터 키즈 솝

다양한 비누 몰드를 사용해 아이들뿐만 아니라 어른들의 동심까지 자극하는 사랑스럽고 귀여운 캐릭터 키즈 솝을 만들어보자. 아이들과 집콕 놀이뿐 아니라, 비누망에 담아 답례품이나 선물용으로도 손색이 없다.

Tool 스테인리스 비커, 핫플레이트(전자레인지), 저울, 플라스틱 비커, 스푼, 실리콘 몰드

Material 화이트비누 베이스 200g, 글리세린 4g, 수용성색소, 망고 프래그런스 오일 1g, 에탄올

TOMICA
TOMICA
TOMICA
TOMICA

How to make

1. 다양한 캐릭터 몰드를 준비한다.
2. 녹인 화이트 비누 베이스에 망고 프래그런스 오일을 첨가한다.
   tip 아이들이 좋아하는 향으로 대체 가능하다.
3. 비누 베이스를 소량 덜어 원하는 색(수용성색소)으로 조색한다.
   tip 색소는 천연 분말, 마이카 등 다양한 색을 사용해도 좋다.
4. 준비해둔 실리콘 몰드에 베이스를 조심히 부어준 후 위 표면에 생긴 기포는 에탄올을 뿌려 제거한다.
5. 다양한 컬러로 3, 4번과 같은 방법으로 반복한다.
6. 표면이 따뜻하지 않고 완전히 식을 때까지 기다린다.
7. 비누가 완전히 굳으면 몰드에서 꺼낸다.
8. 낱개로 사용하거나 비누망에 넣어 사용한다.

Point

1. 몰드에 비누액을 붓고 난 후 몰드를 움직이지 않아야, 바닥 표면이 주름지지 않고 깔끔하게 꺼내진다. 다양한 과일과 디저트 몰드를 사용해 CP케이크 비누 데코로 활용해보자.

Page 참고: 94p 케이크비누 데코 장식으로 응용 가능

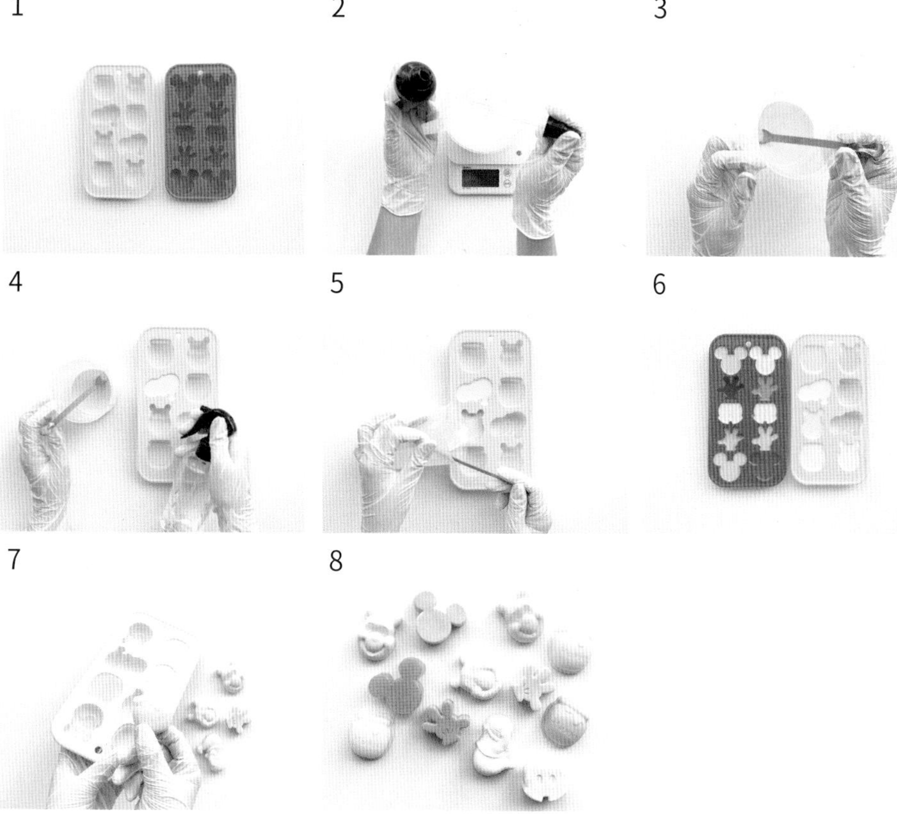
1
2
3
4
5
6
7
8

잠시 쉬어가기

"천연 분말"

about natural powder

청대, 쪽

오래전부터 염색의 수단과 치유 목적으로 사용해왔다는 청대. 켈트족 병사들이 파란색 청대 몸을 칠한 것은 강하게 보이기 위한 목적도 있었지만 동시에 이차감염을 막기 위한 목적이 있었다고 한다. 미국에서 광부나 카우보이들이 청바지를 애용한 것 역시 청바지의 튼튼함과 더불어 항균, 제독, 방충성 때문이었다고. 우리나라도 예로부터 몸에 부스럼이 생기거나 질환이 생기면 쪽물로 염색한 옷을 입었다.

치자

성질이 차디찬 치자 열매는 사실 주황색인데, 치자가루를 비누액에 섞는 순간 쨍한 노란색으로 변한다. 항균작용이 있어 염증성 피부나 아토피 등에 좋다.

어성초

해독을 잘한다고 하여 해독초라고도 불리는 어성초는 염증을 완화시키는 대표적인 약재로, 소염작용 및 항균효과가 탁월하며, 여드름과 아토피 습진성 피부염에 좋다.

감초

감초는 해독작용이 있을 뿐만 아니라 세포를 재생시키는 효능이 뛰어나 상처를 빨리 낫게 한다. 이 때문에 아토피는 물론 여드름 피부, 노화 피부에 좋다.

녹차

녹차는 피부 탄력을 높여주고, 피부를 진정시키는 효과가 탁월하다. 특히 비타민의 여왕 레몬보다 5~8배나 많은 비타민C와 다량의 토코페롤을 함유하고 있어서 기미, 주근깨의 형성을 억제하고, 세포막의 산화를 막아 보습효과에 좋다.

숯 숯은 뛰어난 흡착력으로 모공 속 과도한 피지제거에 탁월하며, 각종 미네랄 성분으로 피부 순환작용을 도와 피부 탄력 개선 및 겨울철 건조 피부염과 노화 방지에도 좋다.

코코아 코코아는 풍부한 섬유질 함유로 보습에 탁월해 건성피부 및 아토피 피부 개선에 효과적이며, 특히 폴리페놀 항산화 물질 함유로 인해 염증 억제에도 효과적이다.

파프리카 비타민C가 아주 풍부한 슈퍼푸드 파프리카는 칙칙한 피부톤 개선에 매우 효과적이다. 특히, 아토피 피부나 건성 피부에 추천한다.

오트밀 팩, 크림 등 화장품의 주성분으로 많이 사용되는 오트밀은 순한 성질로 활성산소를 억제시켜주며, 각질 제거 및 수분 유지에 탁월하다.

클로렐라 클로렐라는 세포의 성장을 촉진시켜 피부 재생을 도와주고, 기미 주근깨, 주름 완화에 도움을 준다.

천연 분말로 다양한 색상 표현하기

색상	종류
옐로우	진피, 호박, 치자
그린	클로렐라, 밀싹, 해초
핑크,레드	칼라민, 백년초, 파프리카, 자초, 딸기
블루	청대
화이트	티타늄디옥사이드
베이지	오트밀, 팥, 미강, 살구씨
브라운	코코아, 율피, 어성초, 감초, 녹차
퍼플	코치닐
블랙	숯

우리 가족 피부 지킴이

"CP SOAP"

우리 가족 피부 지킴이 "착한 세정제 비누"

Natural soap making

CP SOAP (저온가공법 Cold Process)

흔히 말하는 천연비누는 CP비누를 의미한다. 천연비누를 만드는 방법 중, 가장 많이 활용되고 있는 가공법으로, CP비누는 베이스 오일과 수산화나트륨(가성소다)의 화학반응을 통해 만들어진다. 비누는 하나의 분자 속에 친 유기(기름과 친한), 친 수기(물과 친한) 부분을 동시에 가지고 있어 계면활성제인 세정의 효과를 보임과 동시에 베이스 오일이 천연 글리세린으로서 보습과 영양에 큰 도움을 준다.

CP비누는 주원료인 오일이 가지는 영양소와 고유특성이 열에 의해 변성되지 않도록 하여 피부에 좋은 영향을 줄 수 있도록 제조하는 방식이다. CP비누는 오일과 가성소다수용액(정제수+가성소다)을 저온(40℃~55℃)에서 비누화의 기초 단계인 교반을 하고, 24~48시간 동안 보온하여 비누화를 시켜낸 후 4~6주간 건조 기간을 거쳐야만 비로소 사용 가능한 천연비누가 완성된다. CP비누는 제조과정이 다소 까다롭고 불편하지만, 피부 타입에 맞게 직접 선택한 재료로 만들기 때문에 더욱 믿을 만하고, 환경오염을 초래하지 않는 친환경적인 비누이다. 유효기간은 1년~2년이다.

CP비누의 제조

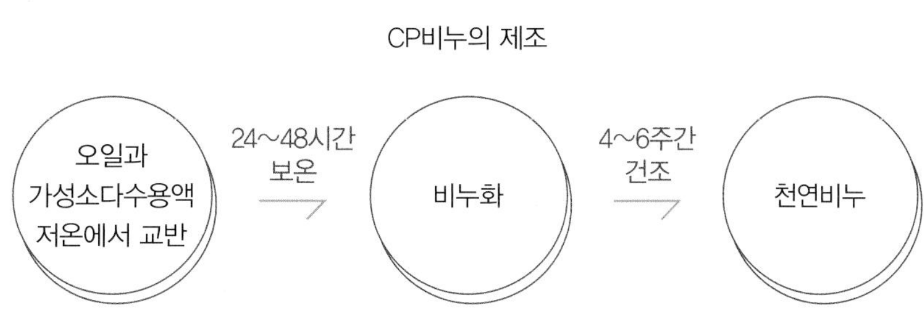

CP 비누 제작 시 알아두어야 할 기본상식

PART 1 베이스 오일 종류와 특징

비누 제작에 필수재료인 베이스 오일은 그 종류와 기능도 다양하다. 이 책에서 주로 사용되는 베이스 오일의 종류와 특징에 대해 알아보고, 오일 1g을 비누로 만드는 데 필요한 가성소다의 양인 비누화값을 참고하자.

베이스 오일	특징	비누화값
코코넛 오일	코코넛오일은 천연비누를 제조하는 데 가장 대중적으로 쓰이는 오일이다. 풍부한 거품을 만들고 비누를 단단하게 해주며, 세정력이 강하다.	0.190mg
팜 오일	비누 만들기에서 균일한 거품력과 제형을 단단하게 하는 팜 오일은 코코넛 오일과 함께 천연비누를 제조하는 데 많이 쓰이는 오일로 비누의 경도를 상승시키며, 올레인산을 포함하고 있어 보습에 도움을 준다.	0.141mg
올리브 오일	전 세계적으로 식용 오일로 각광을 받는 올리브유는 천연비누에 사용되는 대표적인 오일 중 하나이며 부드러운 사용감과 보습감을 느껴볼 수 있다. 올리브유는 프랑스의 마르세이유 비누의 원료로도 사용되며, 탁월한 보습력뿐만 아니라 자외선을 20%정도 차단하는 특징이 있어, 어린아이나 민감성피부, 가려움증, 습진, 아토피에도 효과적이다. 100% 올리브유로 만든 비누를 카스틸 비누(castile soap)라 한다.	0.134mg
스윗아몬드 오일	식용가능한 아몬드 씨앗에서 추출한 오일로 미네랄, 단백질, 비타민 A등을 함유하고 있으며, 보습력과 흡수력이 뛰어나 마사지 오일로도 많이 사용된다. 가려움증, 습진, 건성피부에 좋고 모든 피부에 적합하다.	0.136mg
미강 오일	쌀겨에서 추출한 오일로 필수지방산과 비타민 E, 토코페롤, 미네랄이 풍부하며, 피부 진정에 효과적이다. 보습과 미백효과가 뛰어난 스쿠알란과 스쿠알렌도 포함되어있어 화장품에도 많이 이용되고 있다.	0.128mg
포도씨 오일	포도씨에서 추출한 오일로 항산화제인 비타민E, 필수지방산인 리놀레산을 다량 함유하고 있다. 흡수율이 좋고 가벼워 피부 마사지용으로 많이 이용되며 특히 지성피부에도 효과적이며, 피부를 유연하게 해주고 노화 방지에도 좋다.	0.1265mg

달맞이꽃 오일	달맞이꽃 씨앗에서 추출하는 고가의 오일로 불포화지방산을 70% 이상 함유하고 있어 산화가 쉬워 냉장 보관해야만 한다. 감마리놀레산 GLA-gamma linoleic acid을 포함하고 있어 피부 세포 방어능력을 증대시키며, 아토피성 피부염의 진정효과가 매우 뛰어나다. 모든 피부 타입에 잘 맞으며 특히 가려움증 완화에 효과적이다.	0.136mg
살구씨 오일	살구의 씨앗에서 추출한 오일로, 지방산과 비타민 A, C 그리고 E가 다량 함유되어 있으며, 기미, 주근깨, 노화 피부에 좋고 클렌징에 탁월하다.	0.135mg
카놀라 오일	올리브 오일과 유사한 성질이 있어, 보습력이 뛰어나 올리브 오일 대용으로 많이 쓰이는 카놀라 오일은 유채꽃의 씨에서 추출한 오일로 채종유라고도 한다.	0.124mg
해바라기 오일	다량 첨가해도 무리가 없을 정도로 천연비누 제조에 많이 쓰이는 해바라기 오일은 비타민 A, E를 많이 함유하고 있으며, 피부보호막을 형성해 건조함, 가려움증, 피부 당김, 붓기 등을 진정시켜 준다.	0.134mg
피마자 오일	아주까리 열매에서 채취하는 오일로 비누 만들기에 사용하는 오일 중 가장 독특한 재료이다. 풍부하고 조밀한 거품을 만들어주므로, 바디샤워용 비누 혹은 샴푸 비누의 주원료로 사용되며, 비누를 투명하게 해주는 성질이 있어 투명 비누 제작에도 많이 쓰인다.	0.1286mg
동백 오일	피부를 진정시키고 머리결에 생기와 광택을 주는 효과로 샴푸바 만들기에 많이 사용된다. 피부 침투력이 좋아 잘 스며들어 마사지 오일로도 적합하다.	0.1362mg
시어넛 버터	비누 제조 시 가장 많이 활용되는 버터로, 보습효과가 뛰어나 건조함을 방지하고, 자외선 차단효과가 있으며, 피부침투력이 뛰어나 세포 재생과 상처 치유에도 도움을 준다. 비누 제조 시 전체 오일 양의 5% 내외로 첨가하면 좋다.	0.128mg
아보카도	숲속의 버터라고도 불리는 아보카도 오일은 과육에서 추출하는 오일로, 필수지방산, 각종 비타민과 미네랄, 엽록소 등 영양성분이 풍부하다. 피부진정, 노화 방지, 튼살에 효과가 있어, 민감한 피부용, 유아비누, 샴푸바, 자외선보호제 등 다양하게 쓰인다.	0.133mg
호호바 오일	매우 안정적이고 산화가 잘 일어나지 않아 보존성이 좋은 호호바 오일은 피지 조절, 항염, 향균, 습진, 여드름, 건조한 피부에 좋다. 아로마테라피용 캐리어 오일로 많이 사용되며, 모든 피부 타입에 사용 가능한 고급 오일이다.	0.069mg

1kg 비누 제작 시 필요한 오일의 양 750g
(500g 비누 제작 시 300~350g)

코코넛과 팜유를 중심으로 제조하고자 하는 비누의 특성에 맞게 다른 오일을 배치한다. 코코넛유와 팜유는 대표적인 포화지방산으로서 비누를 단단하게 하고, 풍성한 거품을 만드는 데 1등 공신이다. 다량의 포화지방산과 소량의 불포화 지방산까지 함유하고 있으나, 그 둘로만 비누를 제작하기엔 기능적인 면에서 부족하기 때문에, 올리브유, 스윗아몬드유와 같은 불포화지방산이 다량 함유되어있는 오일과 함께 혼합하여 보습력과 기능성을 두루 갖춘 비누를 제작한다.

보습	올리브, 스윗아몬드, 마카다미아넛, 해바라기, 호호바, 아보카도, 시어버터
노화	녹차, 호호바, 아보카도, 마카다미아넛, 햄프시드
아토피	달맞이꽃종자유, 동백, 올리브유, 햄프시드
클렌징	살구씨, 미강, 포도씨, 녹차씨
트러블	녹차씨, 해바라기, 포도씨

PART 2 정제수와 가성소다

비누 제작 시 베이스 오일과 함께 꼭 필요한 재료는 정제수와 수산화나트륨(가성소다 NaOH)이다. 비누 제작 시 사용되는 물은 미생물 등 불순물을 함유하지 않는 순수한 물을 사용해야 비누에 영향을 주지 않는다. 수산화나트륨은 꼭 순도가 가장 높은 제품으로 선택해야만 하며, 한 번 오픈한 수산화나트륨은 공기에 노출되지 않게 보관하고 가능한 빨리 사용해야 한다.

비누 작업 시 필요한 정제수의 양과 가성소다의 양을 알아보자. 정제수는 전체 오일 양의 30%~40% 가능하다. 정제수 양이 너무 적으면 알칼리 성질이 강해져서 사용하기가 어려우며, 정제수 양이 너무 많으면 비누화가 진행되지 않고 매우 무르다.

가성소다의 양은 각 오일의 양에 비누화 값을 곱하여 산출한다. 디스카운트는 0~5% 이하로 하는 것이 일반적이며, 지성피부는 디스카운트를 하지 않아도 되며, 건조한 피부는 0~5% 사이로 디스카운트하면 무리가 없다. 한 번 개봉된 가성소다는 공기와의 접촉으로 순도가 점점 떨어지니 이 점을 유의하자.

tip 디스카운트란? 비누화값으로 구한 수산화나트륨의 양을 줄이는 것을 의미한다.

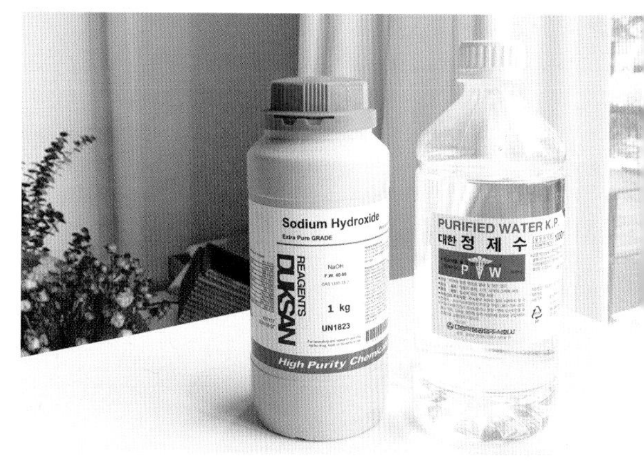

가성소다 계산법 〈총 500g 비누 만들기 기준〉

오일의 양과 해당 오일의 비누화 값을 곱하여 구한다. 여러 가지 오일을 함께 넣는다면 각각의 값을 구해 모두 더한다.

ex) 코코넛 오일 100g　0.190(비누화값) = 19.0(가성소다의 양)
　팜 오일 100g　0.141 = 14.1
　올리브오일 100g　0.134 = 13.4
　미강 50g　0.128 = 12.8
　합계 : 350g　59.3

오일의 양 : 전체 만들기 양의 70~78%
정제수의 양 : 총 오일 값의 28~40% (본 책에서는 30%로 정제수의 양을 정한다.)

PART 3 교반과 트레이스

서로 다른 물질을 물리적인 힘을 가해 하나의 균일한 혼합 상태로 만드는 것을 말하며, 비누 제작 시 베이스 오일과 가성소다수용액(정제수+수산화나트륨)을 블렌더를 사용해 혼합, 제작하는 것을 의미한다. CP비누는 저온 교반법으로 솝퍼들마다 자기만의 적정 교반 온도가 있지만, 대체적으로 베이스 오일과 가성소다수용액의 평균값이 40~45℃일 때 교반을 한다. 본 책에서의 모든 교반 온도는 가성소다수용액 35℃,베이스 오일 45~50℃ 일 때 교반하도록 한다.

트레이스란 교반 후 비누액의 점도를 나타내는 말이다. 즉, 트레이스가 많이 진행됐다는 것은 비누액이 더욱 걸쭉해지는 상태를 의미하고, 트레이스가 약하다는 것은 비누액의 점도가 묽다는 의미이다. 디자인비누 제작 시 우리는 보통 아주 묽은 단계부터 마요네즈 점도의 단계, 그리고 아주 뻑뻑한 단계까지 다양한 트레이스 상태를 확인할 수 있다.

교반

1. 베이스 오일과 가성소다수용액을 혼합

2. 주걱을 사용해 한쪽 방향으로 저어줌

3. 블렌더를 사용해 균일한 혼합 상태로 만듦

트레이스

1단계: 점성이 없는 아주 묽은 상태

2단계: 살짝 점성이 있지만 여전히 묽은 상태

3단계: 윗면에 어느 정도 모양이 그려지는 요거트 질감의 상태

4단계: 주걱으로 떴을 때 모양이 그대로 유지되는 정도

5단계: 아주 뻑뻑한 정도로 파이핑 작업에 용이한 질감

PART 4 보온 및 건조

비누 교반 작업이 끝나면 비누를 완성하기 위해서 비누화 반응이 안정적으로 이루어지도록 환경을 유지해줄 필요가 있다. 적정온도 28~32도로, 몰드를 담요나 천으로 감싸 스트로폼 안에 넣어 보온하거나 전자 기능을 갖춘 보온고에 24~48시간 정도 보온한다. 보통 500g 혹은 1kg의 양을 많이 작업하며, 보온 과정을 마친 후 컷팅하여 4~6주 정도 숙성 건조한다.

건조 과정을 거치는 이유는 pH 안정성을 위해 혹시 남아있을 수 있는 가성소다의 잔여물을 날려 보내고자 함도 있지만, 가장 중요한 이유는 막 나온 비누가 수분이 많아 매우 무르기 때문에 수분을 증발시켜 단단한 비누를 만들기 위함이다. 직사광선을 피하여 서늘하고 통풍이 잘되는 곳이 좋으며 일반적으로 4주 정도 건조하고 pH 테스트 후 사용하거나 제습제를 넣어 개별 포장해둔다. 또한, 너무 습한 환경에서 건조시키는 것은 산패를 더욱 빨리 진행시키기 때문에 비누 건조의 온습도는 봄, 가을 혹은 약간 건조한 환경을 만들어주는 것이 좋다.

1. 스트로폼 박스
비누 몰드를 천으로 감싼 후 넣고, 온도계를 넣어둔다.(온도 체크 필수)

2. 전자 보온고
비누 몰드를 전자 보온고 안에 넣어 온도를 설정한다.

PART 5 비누 마지막 단계(컷팅, 다듬기, 스탬프)

1. CP비누를 자를 때 사용하는 비누 커터기로 피아노, 기타 줄로 만들어져서 단단한 비누를 컷팅할 때 자주 끊어지는 현상이 있으니 여분의 줄을 구비해 놓는 것이 좋다.

2. 컷팅이 된 비누의 면을 다듬을 때에는 모서리 대패 다듬기와 커터칼을 사용한다. 비누 제작 시점 1~2주 후 겉면이 어느 정도 건조되면 다듬는다.

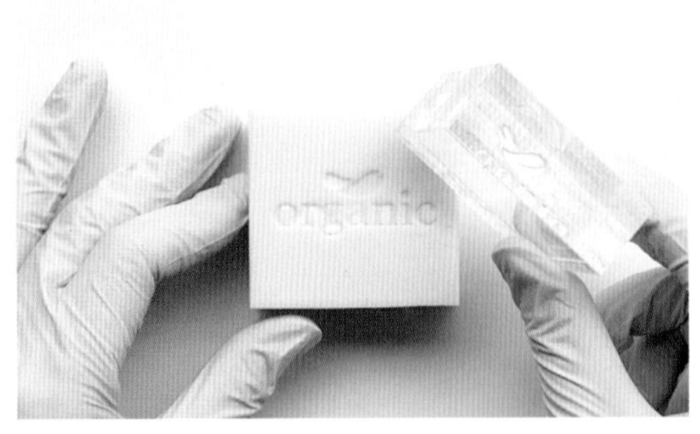

3. 비누의 완성도를 위한 비누제작 마지막 단계인 스탬프 작업은 아크릴 도장을 사용한다. 4~6주 숙성 건조 후 실리카겔과 함께 포장한다.(산패와 오염 방지)

PART 6 비누 제작 시 안전수칙 및 주의사항

1 수산화나트륨(sodium hydroxide)은 강염기의 대표적인 물질로 단백질도 가수분해하며, 물질을 부식시키기 때문에 손으로 직접 만지는 것은 매우 위험하다.

2 팔토시와 보호 안경, 장갑, 마스크 등 보호 장비를 반드시 착용한 상태로 환기가 잘되는 환경에서 작업한다.

3 가성소다수용액은 부식성이 있어 제작 시 꼭 스테인리스 용기나 내열유리 혹은 내열 플라스틱 용기로 작업한다.

4 가성소다(가성가리)를 녹일 시에 반드시 정제수에 가성소다를 넣어 녹여야 한다. 반대로 정제수를 가성소다에 부으면 급격한 반응으로 매우 위험할 수 있다.

5 가성소다를 물에 녹일 때 나오는 가스는 유독성이니 흡입하지 않도록 하고 온도가 높게 올라가므로 화상에 각별히 주의한다.

6 비누화값으로 가성소다의 양이 바뀔 수 있으니 오일 계량 시 정확한 양을 계량한다.

7 핸드블렌더 사용 시 주의하자.

8 보온은 비누화가 잘 되기 위함이니 꼭 온도계를 넣어 일정한 온도를 유지하도록 하자.

9 몰드에서 막 나온 비누는 피부에 자극적일 수 있으니 꼭 장갑을 착용한 후 탈형 및 컷팅한다.

10 건조 기간까지 끝마친 비누는 pH테스트지로 확인 후 사용한다.

11 CP비누 특성상 무를 수 있어 물 빠짐 비누 받침대를 사용한다.

PART 7 CP비누 제작 과정

CP SOAP Basic making Process

1. 오일을 계량한다.
   tip 핫플레이트에 올려 적정 온도로 맞춘다.

2. 정제수를 계량한다.

3. 정제수에 수산화나트륨을 계량한 후 가성소다수용액을 만든다.
   tip 초보자의 경우 미니 스탠 비커에 따로 계량한 후 정제수에 부어주는 것이 좋다.

4. 가성소다수용액의 온도가 35℃, 베이스 오일 온도가 45~50℃일 때 가성소다수용액을 베이스 오일에 부어준다.

5. 교반을 시작한다.(주걱–블렌더–주걱)

6. 적정 트레이스 시점에 향을 넣고 잘 저어준다.

7. 색과 첨가물 등을 넣고 잘 저어준다.
   tip 천연 분말로 색을 표현할 경우 포도씨유 혹은 해바라기유에 미리 개어놓는다.

8. 몰드에 부어준다.(주걱으로 스테인리스 비커에 남은 비누액까지 긁어 담는다.)

9. 랩을 씌운 후 뚜껑을 닫는다.

10. 스트로폼 박스 혹은 전자 보온고에 넣어 24~48시간 보온한다.

11. 보온이 끝난 비누 몰드의 잔열이 없으면 비누를 꺼내어 하루 정도 통 건조시킨다. 하루가 지난 후 비누를 컷팅하고 4~6주간 숙성 건조한다.

CP SOAP Basic making Process

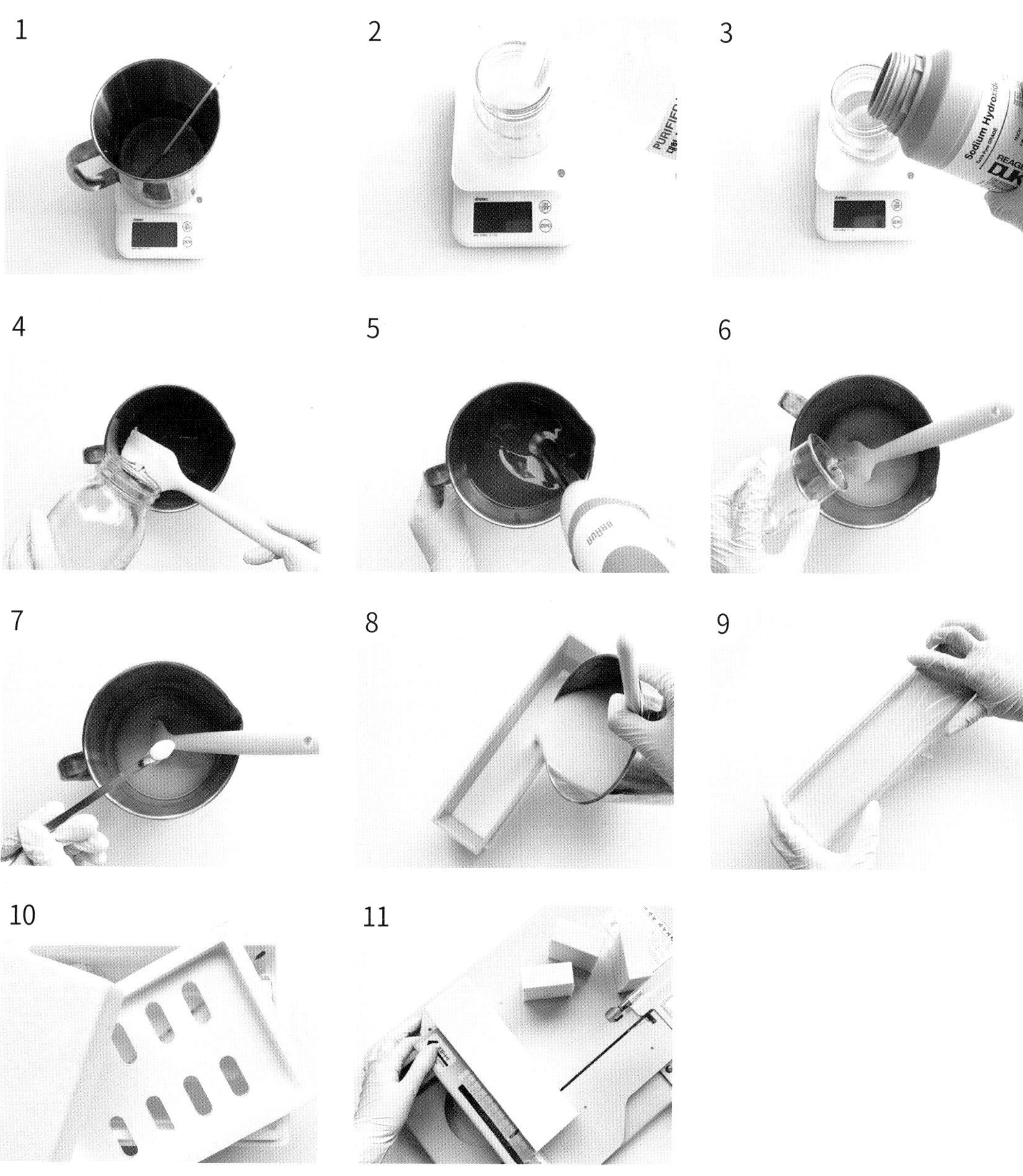

올리브 카스틸비누

CP비누 제작의 첫 번째로 소개되는 올리브 카스틸비누는 100% 올리브 오일만으로 제작되는 비누다. 과유불급이라는 말처럼, 때로는 더함보다 덜함이 우리에게 유익할 때가 있다. 향조차 배제하고, 단 하나의 오일로 만들어지는 저자극의 센트 프리 카스틸 비누.

본 책에서는 많은 식물성오일 중에서도 민감한 피부를 포함하여 모든 피부 타입에 효과적으로 사용할 수 있도록 올리브 오일을 사용하여 만드는 비누를 소개하고자 한다.

수많은 클렌징제품에 함유되어 있는 코코넛 유래성분에조차 알러지 반응을 보이는 극민감성피부에도 적용할 수 있을 만큼 순하고 촉촉한 사용감이 특징이다. 어린아이부터 성인, 노화피부 등 다양한 피부 타입에 사용 가능하기 때문에 패밀리 솝으로 추천할 수 있다. 다양한 향 제품에 익숙해져 있다면, 처음에는 향이 첨가되지 않은 카스틸 비누의 밋밋한 향이 낯설 수 있지만, 익숙해지고 나면 고소하고 은은한 올리브오일 특유의 향이 부담 없고 기분 좋아질 것이다. 과한 향과 화학첨가물, 방부제, 색소조차 배제하여 만든 자연에 가까운 세정제, 올리브유 카스틸 비누를 만나보자.

Tool　스테인리스 비커, 핫플레이트, 저울, 플라스틱 비커, 핸드블렌더, 온도계, 내열유리병, 실리콘 비누 몰드 1kg

Material　오일 : 엑스트라버진 올리브 오일 750g, 정제수 225g(30%), 수산화나트륨 NaOH 101g(D/C X)

피부 타입　유아, 민감성, 아토피, 건성

organic
organic
organic
organic

How to make

CP비누 기본 제작 과정은 page 56~57을 참고한다.

1. 트레이스 1 혹은 2단계로 제작한다.(CP비누 제작 과정 참고)

2. 준비해둔 실리콘 몰드에 부어준다.

3. 랩을 씌운 후 뚜껑을 덮고 24~48시간 보온한다.

Point

1. 원하는 하나의 베이스 오일을 선택하여 100% 단일 오일만으로 다양한 카스틸 비누를 만들어보자.

2. 가성소다수용액을 만들 때 정제수에 사해소금 혹은 천일염 10g을 추가하여 녹인 후 수산화나트륨과 섞으면 비누가 조금 더 단단해질 수 있다.

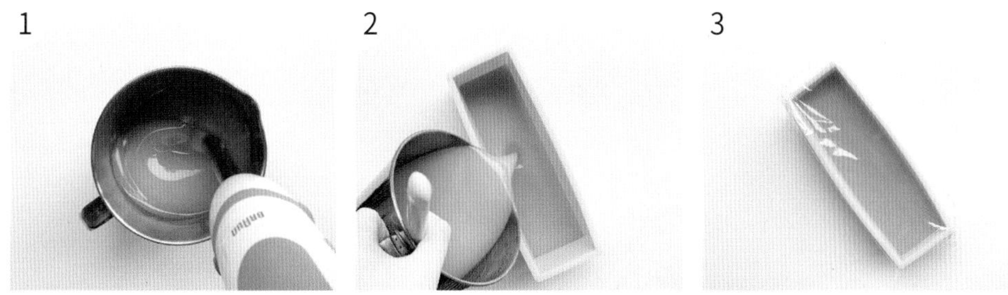
1
2
3

CP 허브솝

비누 제작 입문 시 허브를 올린 비누가 어찌나 이뻐 보이던지, 테라스에 로즈마리, 라벤더 등 각종 허브를 다 심었던 기억이 난다. 심플한 비누 바디에 허브만 추가해서 올리는 것 뿐인데 특별한 비누로 재탄생한다. 기분을 편안하게 만드는 허브와 충분한 보습으로 데일리 클렌징 케어를 해보자.

Tool　스테인리스 비커, 핫플레이트, 저울, 플라스틱 비커, 핸드블렌더, 온도계, 내열유리병, 핀셋, 실리콘 비누 몰드 500g

Material　오일 : 코코넛 85g, 팜 95g, 미강 50g, 해바라기 40g, 스윗아몬드 40g, 살구씨 25g, 포도씨 25g, 시어버터 15g

정제수 : 113g(30%), 가성소다: 53g(5% D/C)

첨가물 : 칼라민분말 3g(포도씨유 3g), 티타늄디옥사이드 화이트 색소

에센셜 오일 : 유칼립투스 에센셜 오일 5g, 페퍼민트 에센셜 오일 5g

피부 타입　중건성, 노화, 복합성, 클랜징, 미백

How to make

CP 비누 기본 제작 과정은 page 56~57을 참고한다.

1. 교반한 비누액의 트레이스 2, 3단계로 맞춘다.
2. 트레이스 2-3단계가 되면 에센셜 오일을 첨가하고 잘 섞어준다.
3. 포도씨에 개어 놓은 칼라민 분말 색소와 티타늄디옥사이드 색소를 첨가한다.
   tip 티타늄디옥사이드 색소는 흰색을 만들기 위한 색소이며, 흰색을 첨가해야 선명한 비누색이 나온다.
4. 분말색소가 뭉친 곳 없이 잘 섞일 수 있도록 골고루 저어준다.
5. 몰드에 부어준다.
6. 자연스럽게 트레이스 4단계가 될 때까지 잠시 기다린 후 스푼을 사용해 모양을 낸다.
7. 핀셋을 사용해 로즈플라워를 데코 한다.
8. 색감을 위해 다양한 허브도 함께 데코 한다.
9. 랩핑 후 뚜껑을 닫아 24~48시간 보온한다.

Point

1. 비누 작업 시 다양한 색 표현을 위해 천연 분말들을 사용해보자.
   (청대-블루, 오렌지-파프리카, 호박-노랑, 숯- 그레이)
2. 비누 몰드에서 빼낼 때 허브가 떨어질 수 있으니 데코 작업 시 비누액에 살짝 눌러서 올려 놓는다.
3. 너무 묽은 트레이스 1단계에서는 모양을 잡기 어려우니 처음 트레이스 낼 때 2-3단계까지 진행하는 것이 좋다.

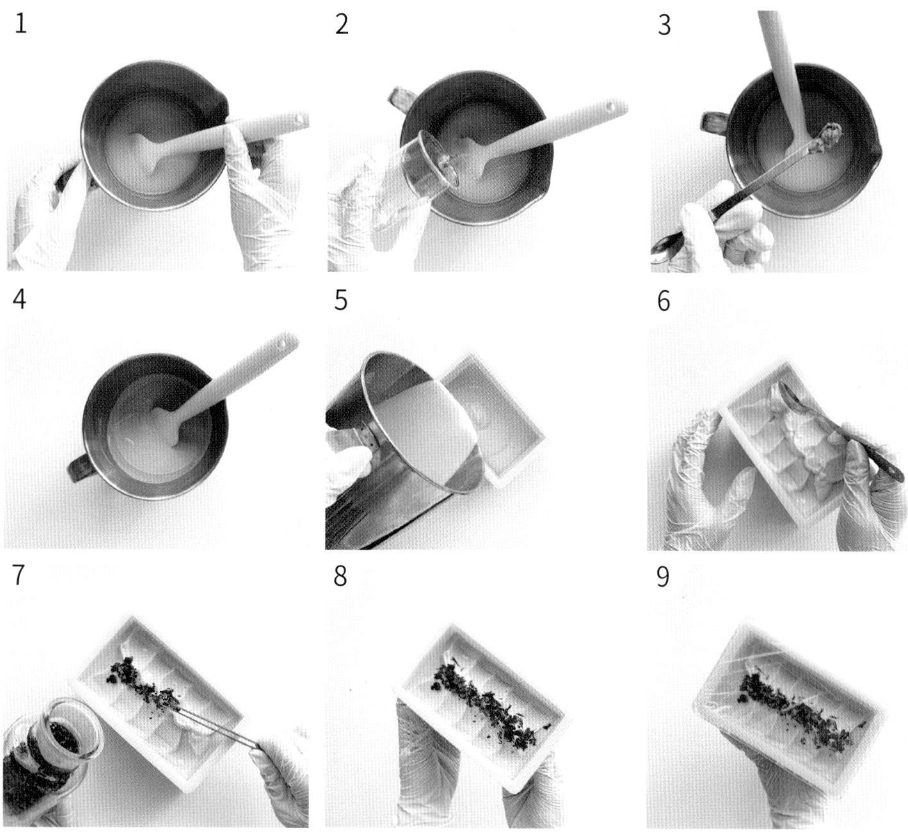
1
2
3
4
5
6
7
8
9

달맞이꽃 마르세유

한 가지 오일을 총 오일 량의 약 70% 정도로 구성하며 만드는 비누를 마르세유 비누라고 한다. 본 책의 마르세유 비누는 아토피 피부와 건조한 피부에 가장 추천할 수 있는 달맞이꽃종자유를 주원료로 하여 만들어진다. 연약한 아이 피부에도 적용할 수 있는 순한 사용감이 특징인 달맞이꽃종자유가 다량 함유되어 있는데다, 세정과 비누의 단단함, 풍부한 거품을 돕는 코코넛 & 팜 오일도 포함되어 있어 촉촉함과 세정 두 마리 토끼를 모두 잡을 수 있다. 또한 유아도 사용 가능하며, 항염 효과가 있는 캐모마일 워터와 보습에 도움을 주는 오트밀분말이 듬뿍 들어가 있기 때문에 건조하고 민감한 피부를 가진 사람이나 어린 아이에게 특히 추천한다. 환절기 세안 후에도 당김 없고 촉촉한 달맞이꽃종자유 마르세유 비누로 피부 건강을 지켜보자.

Tool	스테인레스 비커, 핫플레이트, 저울, 플라스틱 비커, 핸드블렌더, 온도계, 내열유리병, 실리콘비누몰드 1kg
Material	베이스 오일 : 코코넛 100g, 팜 100g, 달맞이꽃종자유 550g 가성소다수용액 : 캐모마일 워터 225g(30%), 수산화나트륨NaOH 108g(D/C X) 첨가물 : 오트밀 분말 5g, 티타늄디옥사이드 색소 에센셜 오일 : 라벤더 에센셜 오일 5g, 스윗오렌지 10g
피부 타입	아토피, 유아, 민감성, 극건성

How to make

CP비누 기본 제작 과정은 page 56~57을 참고한다.

1. 교반한 비누액의 트레이스 1,2단계로 맞춘다.
2. 트레이스 1-2단계가 되면 에센셜 오일을 첨가하고 잘 섞어준다.
3. 티타늄디옥사이드 색소를 넣고 잘 저어준다.
4. 오트밀 분말을 넣고 뭉치는 곳이 없도록 잘 저어준다.
   tip 오트밀분말은 비누액에 잘 풀어지기 때문에 오일에 미리 개어놓지 않아도 된다.
5. 몰드에 부어준다.(주걱으로 스테인리스 비커에 남은 비누액까지 깨끗이 긁어 담는다.)
6. 몰드 주변을 깨끗하게 닦아 랩을 씌운 후 뚜껑을 덮고 24~48시간 보온한다.
7. 보온이 끝난 비누 몰드의 잔열이 없고, 몰드 옆면이 깨끗이 벌어지면 비누를 꺼내어 하루 정도 건조 시킨 후 컷팅한다.
8. 컷팅된 비누를 다듬어 4~6주간 숙성 및 건조한다. 건조가 끝난 비누는 사용하거나 실리카겔과 함께 포장 보관한다.(page 54 참고: 산패와 오염 방지)
   tip 비누 특성상 많이 무를 수 있으니 충분히 건조시킨다.

Point

1. 달맞이꽃종자유 이외에 올리브오일, 아보카도, 스윗아몬드 오일, 마카다미아넛 오일 등 다양한 베이스 오일을 적용해보자.
2. 연약한 피부의 유아용 비누 제작 시 향과 첨가물을 넣지 않는 것을 추천한다.

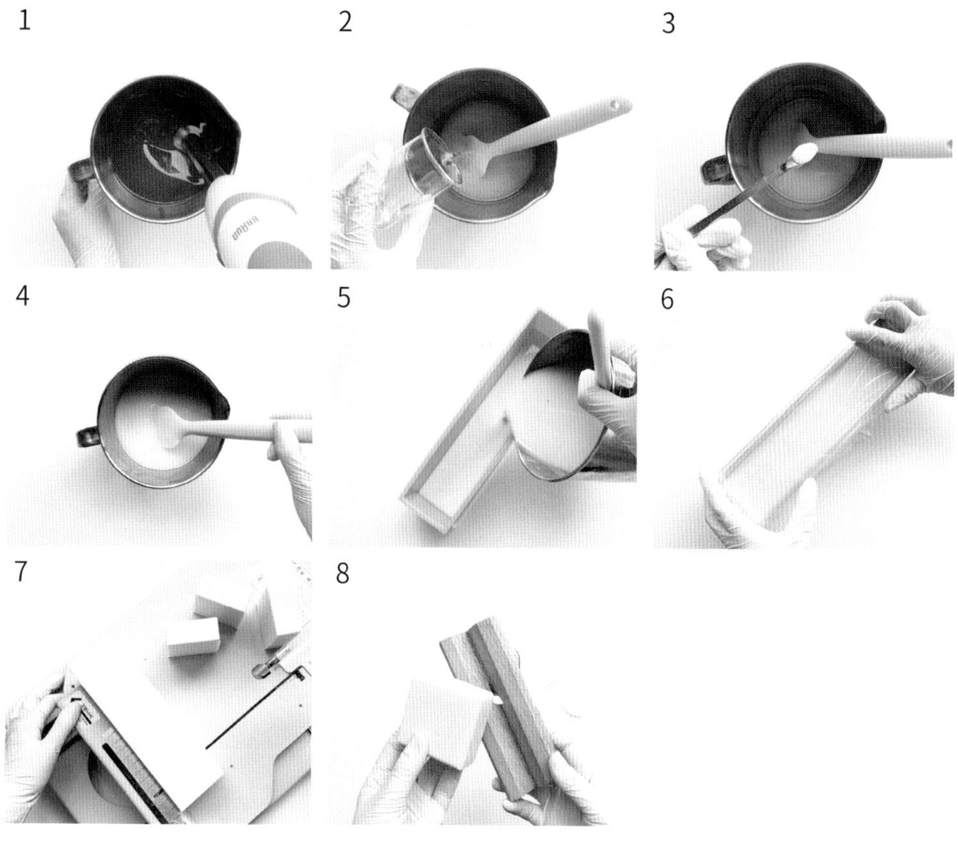

천연 분말 솝/잔디 층마블

원하는 색으로 층을 쌓는 잔디 층마블 비누는 색의 조합에 따라 전혀 다른 분위기와 매력을 풍긴다. 층과 층 사이에 바람에 흔들리는 듯한 뾰쪽 뾰족 잔디모양이 귀여운 잔디 층마블 비누를 만드는 테크닉은 다양한 비누 디자인의 기초가 된다. 잔잔한 파도 같기도 하고, 가지런한 잔디가 층마다 살랑거리는 것 같기도 한 잔디 층마블 비누를 나만의 색감으로 만들어보자. 파프리카, 숯, 클로렐라 등 다양한 천연 분말을 활용해 색을 내면 보기에도 예쁘고 피부에는 더 좋은 비누가 된다. 단일 분말로 비누를 제작하고 웨이브 묵칼을 사용해 예쁜 큐브로도 응용해보자.

Tool　스테인리스 비커, 핫플레이트, 저울, 플라스틱 비커, 핸드블렌더, 온도계, 내열유리병, 실리콘비누몰드 500g

Material　베이스 오일 : 코코넛 75g, 팜 80g, 올리브 60g, 녹차씨 50g, 해바라기 50g, 포도씨 35g, 마카다미아넛 25g

가성소다수용액 : 정제수 113g(30%), 가성소다 53g(3% D/C)

첨가물 : 파프리카 분말 1g, 숯 분말 1g, 클로렐라 분말 1g(모든 분말은 포도씨유 1~2g에 각각 개어놓음), 티타늄디옥사이드 색소

에센셜 오일 : 그레이프프룻 10g, 패촐리 5g

피부 타입　지성, 여드름, 노화

How to make

CP비누 기본 제작 과정은 page 56~57을 참고한다.

1. 교반한 비누액이 트레이스 1단계가 되면 에센셜 오일을 넣고, 비누액을 삼등분 한 후 색(분말)을 넣고 잘 섞어준다.

   tip 트레이스가 처음부터 너무 많이 진행되면 잔디 마블 표현이 안 된다. 컬러를 표현할 천연분말(파프리카, 숯, 클로렐라) 각 1g을 포도씨유 1~2g에 미리 개어놓고 비누액에 넣어준다.

2. 몰드에 클로렐라 분말 비누액을 전부 부어준다.

   tip 분말 색은 원하는 순서로 자유롭게 표현한다.

3. 파프리카분말 비누액을 좌우로 왔다 갔다 하면서 조금씩 골고루 전부 부어준다.
4. 3번과 같은 방법으로 다른 비누액(숯분말)도 원하는 순서대로 전부 부어준다.
5. 랩을 씌운 후 뚜껑을 덮고 24~48시간 보온한다.
6. 보온이 끝난 비누 몰드의 잔열이 없고, 몰드 옆면이 깨끗이 벌어지면 비누를 꺼내어 하루 정도 건조시킨 후 컷팅한다.

   tip 삼층이 아닌 단색으로 표현하고자 할 경우 물칼을 사용해 예쁘게 컷팅해준다.

Point

1. 파프리카 분말 효능 : 붉은 색감이 매력적인 파프리카분말은 비타민C가 풍부하여 기미, 주근깨의 원인이 되는 멜라닌을 억제하여 미백에 좋고, 피부 노화 예방에 효과적이다.
2. 숯 분말 효능 : 미네랄이 풍부해 피부미용에 많이 쓰이는 숯 분말은 흡착력이 뛰어나 노폐물을 제거해주고 노화피부에 좋다.
3. 클로렐라 분말 효능 : 피부 자극을 완화하고 피부에 쌓인 독소와 노폐물을 제거하여 피부를 매끄럽고 윤택하게 해준다.

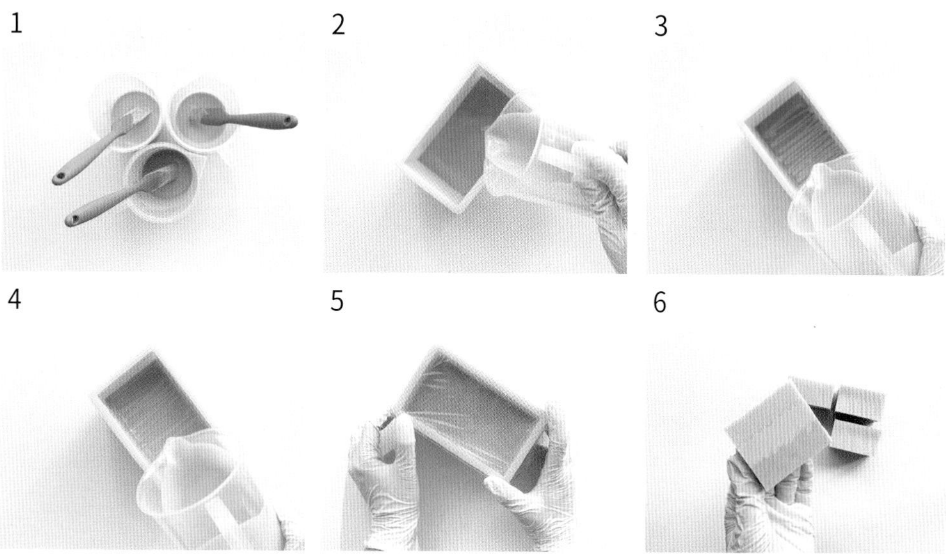
1
2
3
4
5
6

컬러팔레트솝

색색의 물감을 짜놓은 팔레트, 혹은 러블리한 색감의 아이섀도우 팔레트를 닮은 4색 컬러팔레트비누. 나뉜 칸마다 원하는 색을 만들어 넣으면 완성되는 아주 간단한 디자인이지만, 어떤 색을 채워 넣느냐에 따라서 전혀 색다른 느낌을 받을 수 있다. 팔레트 모양을 제외하고도 시중에 다양한 디자인의 몰드가 있기 때문에 취향에 맞게 선택하는 재미가 있다.

Tool 스테인리스 비커, 핫플레이트, 저울, 플라스틱 비커, 핸드블렌더, 온도계, 내열유리병, 큐브사각 아크릴 몰드 500g

Material 베이스오일 : 코코넛 100g, 팜 110g, 올리브퓨어 50g, 미강 40g, 아보카도 30g, 스윗 아몬드 25g, 피마자 20g

가성소다수용액 : 정제수 113g(30%), 가성소다 55g(3% D/C)

첨가물 : 레드옥사이드 비누색소, 브라운옥사이드 비누색소, 티타늄디옥사이드 색소

에센셜 오일: 레몬 3g, 라벤더 2g, 시더우드 5g

피부 타입 중성, 지성, 노화 피부

How to make

CP비누 기본 제작 과정은 page 56~57을 참고한다.

1. 향까지 첨가한 비누액을 4개로(각 125g) 나눠 담는다.

2. 첨가물을 넣어 원하는 색소를 만든다.

   tip 가장 진한 색의 브라운색은 브라운옥사이드 색소와 티타늄디옥사이드 화이트 색소, 인디 핑크색은 레드 옥사이드와 티타늄디옥사이드 화이트 색소, 아이보리색은 티타늄디옥사이드 화이트 색소, 베이지색은 소량의 브라운옥사이드 색소와 소량의 티타늄디옥사이드 화이트 색소를 넣어 섞어준다.

3. 큐브 사각 아크릴몰드 한 칸에 한 컬러씩 부어준다.

4. 나머지 컬러도 마저 부어준다.

5. 아크릴 속 몰드를 조심히 빼낸 후 랩을 씌워 24~48시간 보온한다.

6. 보온이 끝난 비누 몰드의 잔열이 없고, 몰드 옆면이 깨끗이 벌어지면 비누를 꺼내어 하루 정도 건조시킨 후 컷팅한다.

Point

1. 다양한 디자인을 위한 비누 아크릴 몰드는 시중에서 쉽게 검색 후 구입 가능하다.

테라조 / 임배딩 & 리배칭

이미 만든 비누를 원하는 크기로 잘라서 비누 조각을 만들어두고 비누액에 넣어 만드는 비누를 임배딩 비누라고 한다. 하트, 달, 구름모양 등의 속비누 몰드를 이용해서 길쭉한 모양의 비누를 만들어 넣어 볼 수도 있다. 자잘하게 자른 비누칩을 활용해서 대리석 같은 느낌을 내볼 수도 있고, 모양 속비누를 넣어 달이나 해가 떠있는 듯한 그림 같은 디자인의 비누를 도전 해보아도 좋다.

언뜻 보면 임배딩 비누와 닮았지만, 자세히 보면 거친 표면의 질감이 마치 정말 원석 같은 느낌을 내주는 리배칭 테라조 비누. 잘못 만들어진 비누나 버려질 자투리비누를 활용해서 만들 수도 있으며, 비누화과정, 보온 및 장기간의 건조 기간을 거치지 않아도 되기 때문에 제작하기에 더없이 편리하다.

Tool　스테인레스 비커, 핫플레이트, 저울, 플라스틱 비커, 핸드블렌더, 온도계, 내열유리병, 실리콘 비누몰드 500g

Material　베이스오일 : 코코넛 110g, 팜120g, 올리브 50g, 포도씨 30g, 캐놀라 30g, 피마자 10g,
가성소다수용액 : 정제수 105g(30%), 가성소다 51g(5% D/C)
첨가물 : 민트 마이카색소, 티타늄디옥사이드 화이트 색소
에센셜 오일 : 레몬 10g

피부 타입　중건성, 보습

How to make

CP비누 기본 제작 과정은 page 56~57을 참고한다.

1. 향까지 들어간 준비된 비누액에 색소를 첨가하여 섞어준다.
   tip 민트컬러 마이카(포도씨 오일 2g)
2. 모서리 대패 다듬기로 정리하고 남은 비누칩을 원하는 만큼 비누액에 넣어준다.
   tip 비누칩은 미리 건조해놓는 것이 서로 달라붙지 않고 좋다. 다양한 컬러와 모양으로 비누칩을 만들어보자.
3. 비누액이 칩에 기포 없이 골고루 섞이도록 잘 저어준다.
4. 몰드에 조심히 붓는다.
5. 랩을 씌워 24~48시간 보온한다.
6. 보온이 끝난 비누몰드의 잔열이 없고, 몰드 옆면이 깨끗이 벌어지면 비누를 꺼내어 하루 정도 건조시킨 후 컷팅한다.
7. 컷팅된 비누를 다듬어 4~6주간 숙성 및 건조한다. 건조가 끝난 비누는 사용하거나 실리카겔과 함께 포장 보관한다.
   tip page 54 참고(산패와 오염 방지)

Point

1. CP비누칩이 아니어도 MP 혹은 CP비누액을 사용하여 독특하고 예쁜 임배딩 디자인 비누를 만들 수 있다. 예를들어 달, 별, 하트 등 다양한 속비누를 활용해 보자. 속비누 몰드는 검색 후 쉽게 구입 가능하다.

리배칭 솝

How to make

1. 컷팅하고 남은 자투리 비누칩을 준비한 후 잘게 컷팅한다.

   tip 바탕색용(화이트, 연핑크 등 밝은 색의 칩 350g) 속 컬러칩용(화려하고 채도 높은 컬러풀한 칩 100g)

2. 바탕색용 비누칩을 스테인리스 비커에 넣어 약불로 가열한다.

   tip 막 만들어진 비누의 칩은 빨리 녹으나 오래된 비누칩은 다소 시간이 걸린다.

3. 정제수를 소량씩 첨가해가며 바닥이 타거나 눌어붙지 않도록 저어준다.

   tip 골고루 뒤적거리면서 녹인다. 정제수를 너무 많이 넣으면 수분이 빠져나가는데 시간이 오래 걸리니 정제수의 양은 바닥이 타지 않을 정도로 가끔 조금씩만 부어준다.

4. 반죽 제형처럼 되면, 프래그런스 오일을 넣고 골고루 섞어준다.

   tip 향 이외의 천연 분말, 버터 등 다양한 첨가물을 넣어줘도 좋다.

5. 반죽 제형에 준비해둔 속 임배딩용 컬러칩을 넣고 골고루 잘 섞어준다.

   tip 약불 정도의 열은 가하나 속컬러칩이 완전히 녹지 않고 반죽과 잘 버무려 질 정도로만 섞어준다.

6. 몰드에 주걱을 사용하여 꾹꾹 눌러 담는다.

7. 1~2일 정도 실온 보관 후 비누를 꺼내어 1~2일 정도 더 건조한다.

8. 원한다면 울퉁불퉁한 겉표면을 컷팅하여 깨끗한 표면이 보이게 정리한다.

9. 일주일 정도 더 건조 후 사용하거나 실리카겔과 함께 포장 보관한다.

   tip 리배칭에 사용된 비누칩이 4~6주간 숙성 건조기간이 끝난 비누칩인 경우 1~2주 건조기간 후 사용 가능하나, 만약 리배칭에 사용된 비누칩이 숙성 건조기간을 거치지 않는 막 만들어진 비누라면 4~6주간 건조기간을 가져야 한다.

Tool 스테인리스 비커, 핫플레이트, 저울, 유리 비커, 핸드블렌더, 실리콘 비누 몰드 500g

Material 비누칩 바탕색용 350g, 비누칩 속 컬러칩용 100g, 정제수: 50~70g, 프래그런스오일 5g

1
2
3
4
5
6
7
8
9

대리석 마블

고급스러운 대리석 조각을 보는듯한 대리석 마블 비누. 밝은 색감의 비누를 만들고 싶다면 어두운 색감으로, 어두운 색감으로 만들고 싶다면 밝은 색감으로 마블을 표현하면 좋다. 적절히 퍼진 마블이 매력적인 대리석 마블 비누는 고급스러운 분위기의 인테리어 소품이 된다. 여러 가지 디자인 비누 기법 중에서도 대리석 마블 비누는 비교적 간단하게 만들 수 있는 데다, 만들 때마다 색다른 마블이 만들어지기 때문에 보온고에서 꺼내 컷팅할 때마다 이번엔 어떤 느낌으로 나올까 기대하게 되는 특별한 매력이 있다. 우리 집 욕실의 인테리어나 색감에 맞추어 나만의 대리석 비누를 만들어보자.

Tool　스테인레스 비커, 핫플레이트, 저울, 플라스틱 비커, 핸드블렌더, 온도계, 내열 유리병, 실리콘 비누 몰드 500g

Material　베이스오일 : 코코넛 100g, 팜 120g, 녹차 50g, 올리브 30g, 달맞이꽃종자유 30g, 포도씨 20g

가성소다수용액 : 정제수 105g(30%), 가성소다 52g(3% D/C)

첨가물 : 그린 옥사이드 색소, 브라운 옥사이드 색소, 티타늄디옥사이드 색소(옥사이드 분말 1 : 2 피마자)

에센셜 오일 : 스피아민트 4g, 파인 6g

피부 타입　건성, 복합성, 민감성, 아토피

How to make

CP비누 기본 제작 과정은 page 56~57을 참고한다.

1. 교반한 비누액 트레이스 1~2단계가 되면 에센셜 오일을 넣고 잘 섞어준 후 비누액을 3개로 나눠 담는다.(용량: 파스텔그린 450g, 그린 50g, 브라운 30g)

2. 몰드에 파스텔그린 비누액을 4분의 1정도 붓는다.

3. 2번에 브라운 비누액을 원하는 라인으로 부어준다.

4. 그린 비누액을 브라운 컬러 옆으로 똑같이 부어준다.

5. 파스텔그린 비누액 적당량을 브라운과 그린 비누액 라인을 터트려가며 훅 훅 부어준다.

6. 다시 원하는 자리에 브라운 비누액을 부어준다.

7. 그린 비누액도 같은 방법으로 몇 번 반복한다.

8. 마지막으로 남은 파스텔 그린 비누액을 훅 부어주면 자연스런 마블이 만들어진다.

9. 랩을 씌운 후 뚜껑을 덮고 24~48시간 보온한다.

10. 보온이 끝난 비누몰드의 잔열이 없고, 몰드 옆면이 깨끗이 벌어지면 비누를 꺼내어 하루 정도 건조시킨 후 컷팅한다.

11. 컷팅된 비누를 다듬어 4~6주간 숙성 및 건조한다. 건조가 끝난 비누는 사용하거나 실리카겔과 함께 포장 보관한다.
    tip page 54 참고(산패와 오염 방지)

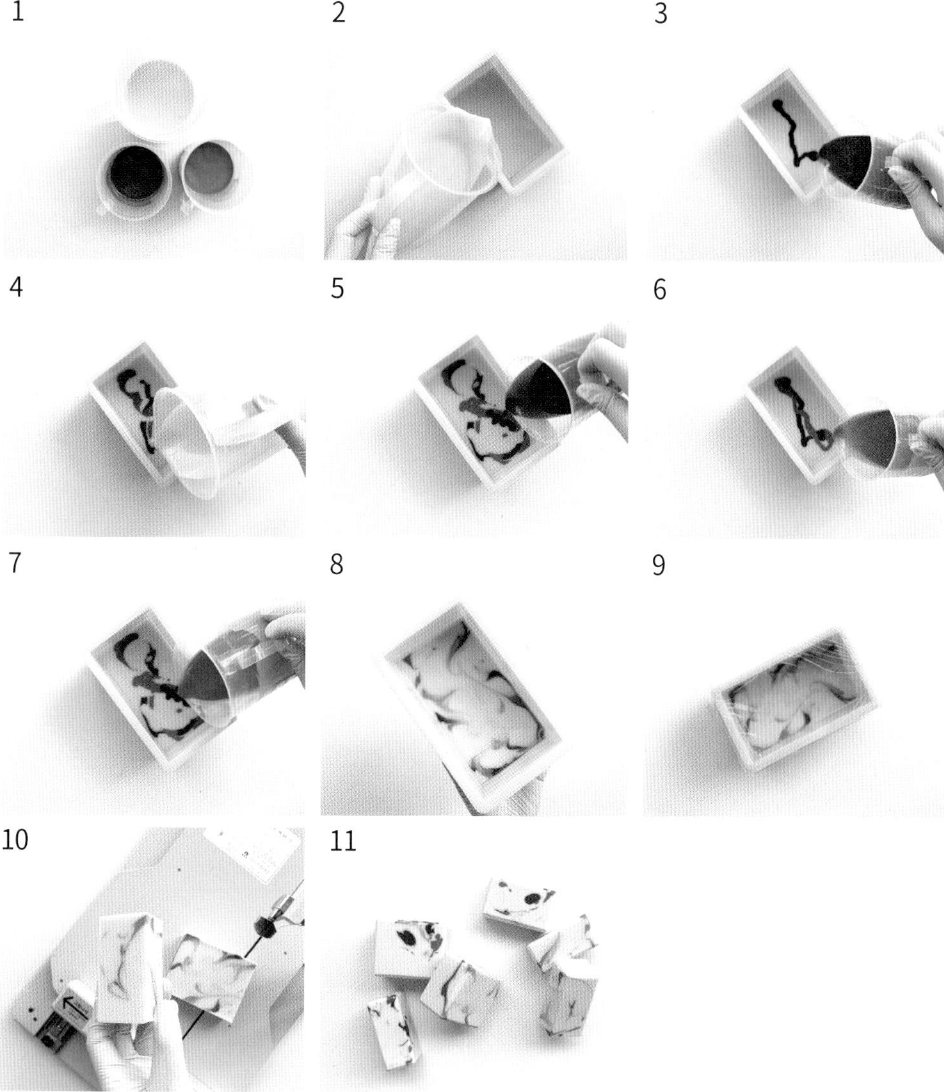
1
2
3
4
5
6
7
8
9
10
11

잔잔한 바다

색색의 비누액을 쌓아올려 그림을 그리듯 만들어낸 잔잔한 바다를 닮은 비누이다. 색을 단순화시켜 적은 개수의 색감을 사용하면 유화나 판화 같은 느낌을 낼 수 있다. 시간과 정성이 필요하지만 마치 한 폭의 풍경화 같은 멋진 비누가 완성될 것이다. 색감을 낼 때 천연 분말을 사용하면 자연스럽고 은은한 색감은 물론이고 피부에도 더욱 유익한 세정제가 완성된다. 항균성이 좋아 아토피와 민감성피부 등 노폐물제거에 탁월하여 트러블성 피부에도 효과적인 청대 분말을 사용해 바다의 청아하고 맑은 물빛을, 감초나 진피 분말을 사용하여 리얼한 모레 질감을 표현해보자.

Tool　스테인리스 비커, 핫플레이트, 저울, 플라스틱 비커, 핸드블렌더, 온도계, 내열유리병, 실리콘 비누 몰드 500g

Material　베이스오일 : 코코넛 100g, 팜 120g, 미강 50g, 올리브 30g, 살구씨 30g, 피마자 20g,
가성소다수용액: 정제수 105g(30%), 가성소다 51g(3% D/C)
첨가물 : 감초 분말 1g(모래 표현), 청대 분말 2g(파도, 하늘 표현), 숯 분말 1g(파도 표현),
포도씨 오일 5g(천연 분말 조색용), 티타늄디옥사이드 색소(구름 표현)
에센셜 오일 : 유칼립투스 5g, 라벤더 5g, 티트리 5g

피부 타입　중성, 클랜징, 미백

How to make

CP비누 기본 제작 과정은 page 56~57을 참고한다.

1. 디자인 비누를 위한 색소 작업을 미리 해둔다.

   tip 감초(모래), 청대+숯(바다), 청대(하늘)

2. 교반한 비누액 트레이스 2~3단계가 되면 에센셜 오일을 넣고 잘 섞어준다. 비누액에 티타늄 디옥사이드 화이트 색소를 넣고 비누액을 4개로 나눠 담은 후 조색한다. 모든 분말은 포도씨 오일에 미리 개어 놓는다.

   *용량: 모래-감초 100g, 파도-청대+숯 150g, 하늘-청대 150g, 구름-화이트 100g

3. 몰드에 감초 분말을 넣은 비누액 전부를 부어준다.

4. 화이트 비누액 아주 소량을 부분부분 뿌려준다.

5. 바다색을 표현할 청대+숯 비누액을 좌우로 흔들어가며 1차로 조금 부어준다.

6. 청대+숯 색소를 조금씩 첨가해가며 비누액을 부어준다. 점점 더 진한 색으로 표현하면서 바다를 표현할 비누액을 전부 부어준다.

   tip 색 첨가 → 몰드에 붓기 → 색 첨가 → 몰드에 붓기

7. 스푼을 사용해 구름을 표현할 화이트비누액을 조금씩 얹혀준다.

8. 하늘 표현할 청대 비누액을 좌우로 흔들어가며 1차로 얇게 부어준다.

9. 6번과 같이 바다를 표현할 때처럼 점점 더 색을 첨가해가며 비누액을 부어준다.

   tip 중간중간 구름을 조금씩 넣어줘도 좋다.

10. 스푼을 사용해 흰색 비누액을 전부 얹혀준다.

11. 랩을 씌운 후 뚜껑을 닫고 24~48시간 보온하고, 보온이 끝나면 비누를 꺼내어 하루 정도 건조시킨 후 컷팅하고 4~6주간 숙성 건조시킨다. 건조가 끝난 비누는 사용하거나 실리카겔과 함께 포장 보관한다.

    tip page 54 참고(산패와 오염 방지)

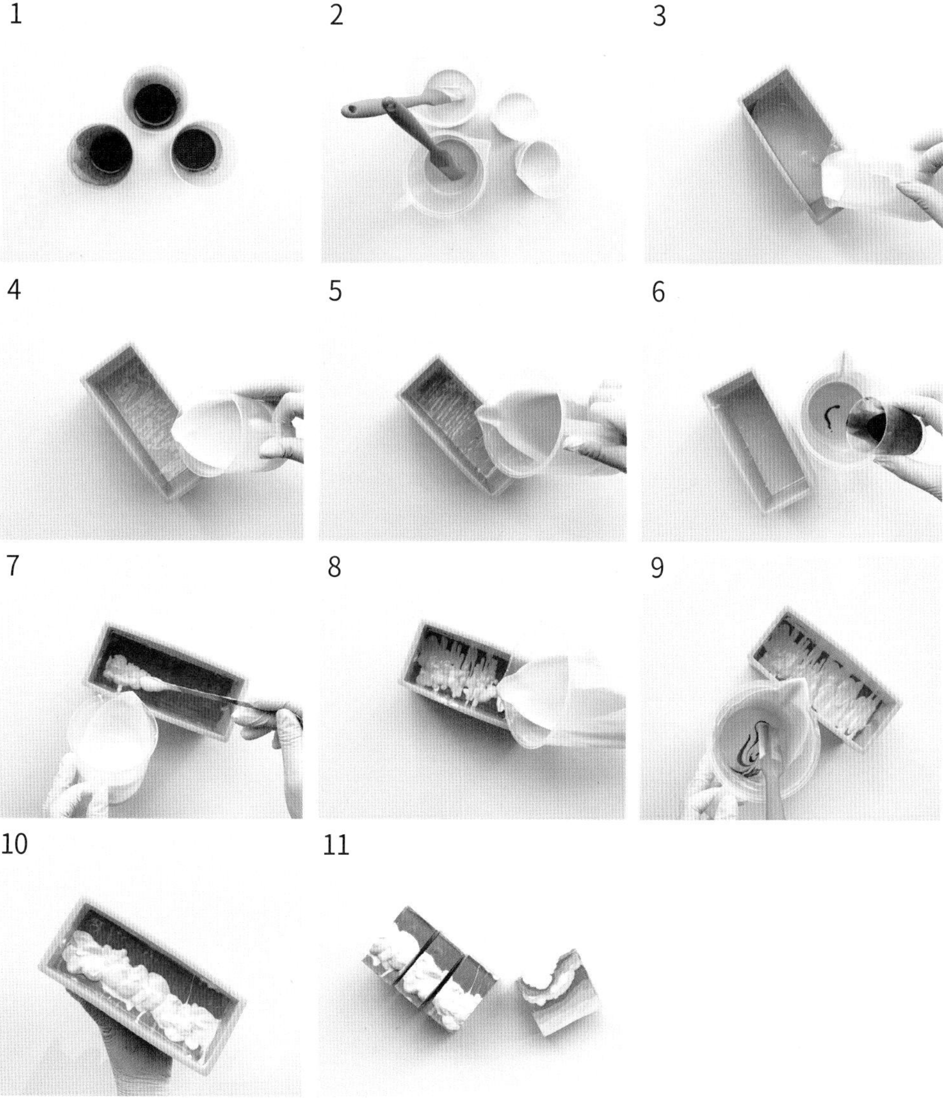
1
2
3
4
5
6
7
8
9
10
11

케이크비누

반듯한 몰드 안에 케이크 시트처럼 한층 한층 비누액을 쌓아올린 후, 쫀쫀한 크림을 듬뿍 올려주는 것만으로도 충분히 예쁜 케이크비누. 거기에 미리 만든 딸기 등 다양한 데코레이션 비누까지 장식하면 당장 먹고 싶은 케이크비누가 완성된다. 완성된 비누는 홀케이크로 봐도 예쁘지만, 적당한 크기로 자르고 나면 색색의 케이크 시트 부분이 보여서 더욱 먹음직스럽다. 물론 절대로 먹어서는 안 되니 피부에 양보하도록 하자.

Tool 스테인리스비커, 핫플레이트, 저울, 플라스틱비커, 핸드블렌더, 온도계, 내열유리병, 실리콘비누몰드 500g

Material 베이스오일 : 코코넛 80g, 팜90g, 올리브 60g, 캐놀라 50g, 소이빈 40g, 마카다미아넛 30g, 시어버터20g, 피마자 15g

가성소다수용액 : 정제수 116g(30%), 가성소다 55g(3% D/C)

첨가물 : 카카오 분말(카카오 분말 2g + 포도씨유 4g), 핑크 마이카색소, 티타늄디옥사이드 화이트색소(옥사이드 분말 1:2 피마자)

에센셜 오일 : 베르가못 6g, 스윗오렌지 6g, 라벤더 4g, 프랑킨센스 4g

준비물 : 비누 데코용 칩(MP비누 혹은 CP비누 모두 사용 가능), 파이핑도구(짤주머니, 팁)

피부 타입 중성, 노화

How to make

CP비누 기본 제작 과정은 page 56~57을 참고한다.

1. 비누 몰드에 비누액을 넣어 과일 및 디저트 데코용 비누와 임배딩 할 화이트 컬러의 CP비누칩을 미리 준비해 놓는다. 교반한 비누액 트레이스 2~3 단계가 되면 에센셜 오일을 넣고 잘 섞어준 후 비누액을 3개로 나눠 담는다.
   *용량 : 핑크 마이카 색소 200g, 코코아 분말 150g, 티타늄디옥사이드 화이트색소 150g
2. 브라운 컬러의 코코아 분말 비누액에 화이트 비누칩을 넣고 잘 섞어준다.
3. 몰드에 핑크 컬러 비누액 절반을 붓는다.
4. 화이트칩이 들어간 코코아 분말 비누액을 스푼으로 떠서 몰드에 전부 조심히 올려준다.
5. 남은 핑크컬러 비누액을 모두 부어준다.
6. 크림을 표현할 파이핑 도구를 준비한다. 별 깍지를 짤주머니 안에 넣고 컷팅할 위치를 가위로 표시해 둔다.
7. 표시한 부분을 가위로 잘라준다.
8. 비커 안에 짤주머니를 넣고 뒤집어준다.
9. 짤주머니 안에 화이트 비누액을 넣어준다.
10. 스크래퍼로 끝까지 쭉 밀어준다.
11. 원하는 위치에 크림을 데코한다.
12. 준비해놓은 과일 및 비누칩들을 크림 위에 예쁘게 데코 해준다.

Point

1. 다양한 데코용 실리콘 비누 몰드는 베이킹 재료 쇼핑몰 혹은 캔들 재료 판매처에서 쉽게 구매 가능하다. 실리콘 비누 몰드를 사용하여 제작된 데코용 비누들은 MP비누 혹은 CP비누 모두 사용 가능하니 미리 준비해 놓도록 하자.

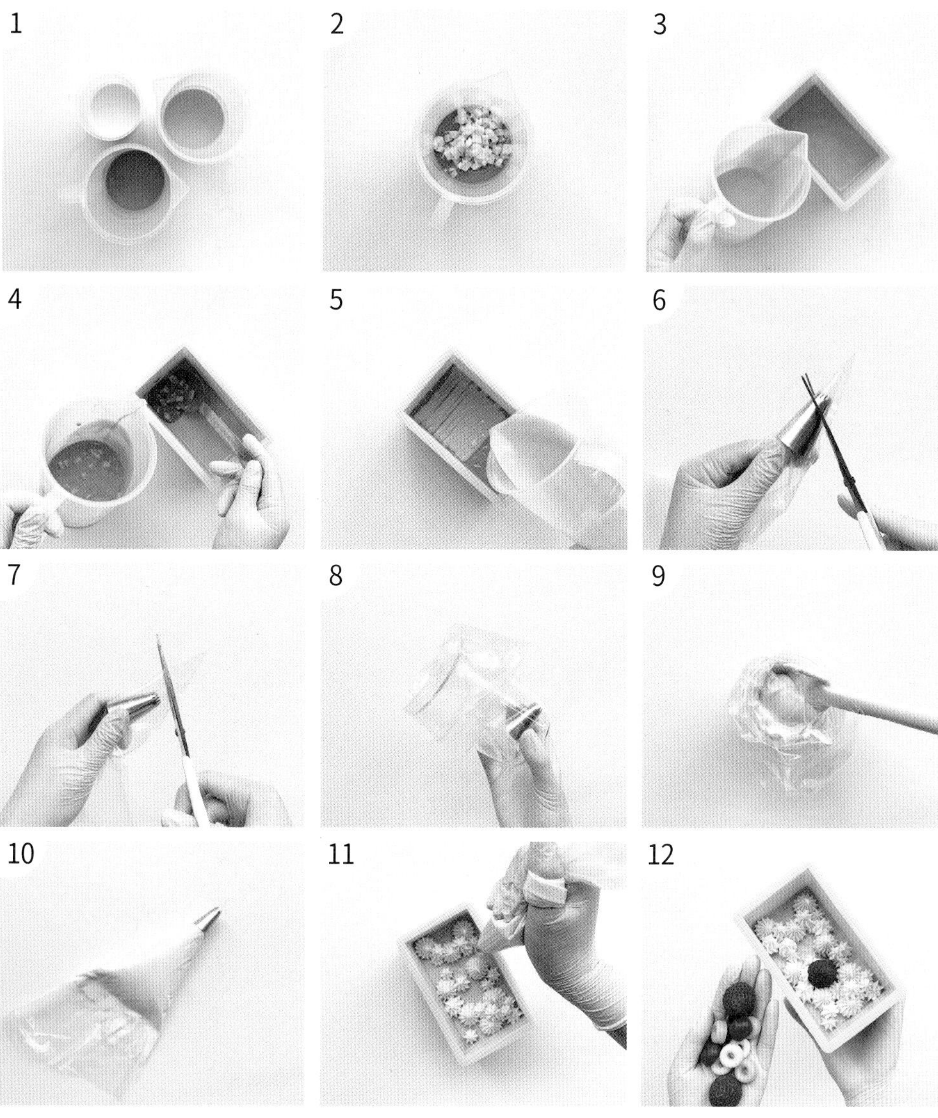
1
2
3
4
5
6
7
8
9
10
11
12

주물럭반죽솝

조물조물 빚다 보면 어느새 나만의 작품이 완성되는 주물럭 비누. 동글동글 조약돌부터 익숙해지면 과일이나 꽃 모양까지 도전해볼 수도 있다. 와플 틀이나 모양 도구를 활용하여 리얼한 빵이나 디저트처럼 만들 수도 있고, 조색하여 바나나나 딸기 같은 과일을 만들어 보아도 좋다. 질감을 표현하거나 반죽을 나누고 자를 때 조각칼을 이용하면 편리하다. 비누 반죽을 클레이나 슬라임처럼 손으로 매만지는 행동 자체가 두뇌와 손에 자극이 되기 때문에 아이들과 함께 만들기 시간을 가져보아도 좋을 것 같다.

Tool 스테인레스 볼, 강판, 저울, 유리비커

Material CP솝 파우더 60g, 따뜻한 물 25g, 콘스타치 30g
색소 : 모든 파우더 색소 가능(옥사이드, 마이카, 천연 분말 등)

IT'S YOURS!
THANK YOU
THANK YOU
BE HAPPY TODAY, TOO

How to make

1. CP비누를 준비한다.(무색)

2. 강판으로 비누를 갈아 솝 파우더를 만들어준다.

3. 솝 파우더가 뭉쳐진 곳 없도록 한다.

4. 지퍼백에 솝 파우더를 넣어준다.

5. 솝 파우더 지퍼백에 따뜻한 물 25g을 부어 섞는다. 지퍼팩 입구를 잘 잠그고(주의: 공기를 전부 뺄 것) 덩어리지는 곳이 없도록 잘 눌러가며 섞는다.

6. 10분 후 콘스타치 2~30g을 추가하여 계속 반죽한다.

7. 반죽이 완성되면 다양한 컬러 파우더를 넣어 반죽한다.(카카오 분말 사용)

   tip 천연 분말, 마이카, 옥사이 분말 등

8. 카카오 분말이 완벽하게 잘 섞이도록 반죽한다.

9. 와플기계를 사용하여 간단하게 와플 비누 제작 가능하다.

   tip 동글 납작하게 만든 반죽을 와플기계 안에 넣어 눌러 빼낸다. 반죽을 여러 가지 컬러로 조색 후 원하는 모양과 쿠키커터를 사용해 다양하게 제작 가능하다.

Point

1. 막 만들어진 CP비누는 매우 무르고 숙성 건조가 덜 되었기 때문에 가루로 만들기에 적합하지 않다. 최소 2주 정도 건조된 비누를 사용하자.

2. 남은 반죽을 랩으로 밀봉해 놓으면 굳지 않고 말랑함이 유지되어 계속 주물럭 비누로 사용 가능하다.

1
2
3
4
5
6
7
8
9

잠시 쉬어가기

"허브의 효능"

about Herb

허브	효능
라벤더	모든 피부에 좋으며 민감성, 아토피, 여드름에 좋다.
로즈플라워	수렴작용, 노화 피부, 건성에 좋다.
카렌듈라	각질 케어 및 피부염증이나 아토피 여드름에 좋으며, 수렴작용을 한다.
로즈마리	혈액순환에 도움을 주며 지성피부 및 두피에 좋다.
민트	두피에 활력을 주고, 비듬에 효과적이며 지성피부에 좋다.
캐모마일	아토피, 건성피부, 여드름에 효과가 있다.
로즈힙	노화 라인의 피부와 처지고 지친 피부, 주름 방지에 좋다.
수레국화	트러블에 좋으며 수렴작용에 탁월하다.
레몬밤	향기가 풍부하며 릴렉싱에 좋아 입욕제에 많이 쓰인다.

“비누색소”

about color

비누 제작용 색소는 매우 다양해서, 누구나 처음에는 색 첨가 및 조합법이 어렵게 느껴질 수 있다. 하지만 어렸을 때 물감을 섞어 그림을 그리듯, 다양한 색 조합 연습을 반복하다 보면 자신만의 특색 있는 컬러 연출이 가능해진다. MP비누 제작 시 색소는 물 혹은 글리세린에, CP비누 제작 시 색소는 피마자, 포도씨, 해바라기, 윗점과 같은 베이스 오일에 섞어 사용한다.

식용색소 수용성 성질로 주로 MP비누나 입욕제에 많이 사용하지만, 최근 우리나라에서는 화장품법상 비누 판매 시 여러 제제가 많으니 주의한다.

수용성색소 화장품법에 의거하여 제작된 글리세린 수용성 색소로 MP비누, 입욕제 제작에 유용하다.(ISDH MALL에서 구입 가능)

옥사이드 광물에서 나는 원료인 옥사이드는 대표적인 비누 색소로 많이 쓰이며, 사용 시 꼭 베이스 오일에 혼합하여 사용하는 것을 권장한다.(화이트 색소 제작 비율 – 티타늄디옥사이드 1:2.5 베이스 오일)

마이카 약간의 펄감이 있는 마이카로는 밝고 쨍한 컬러의 비누를 만들 수 있다. 트레이스가 난 시점에 그냥 넣어서 사용해도 잘 풀어지지만, 가루 날림이 심하기 때문에 오일 혹은 글리세린에 개어서 사용한다.

천연 분말 천연 분말은 한약재나 미용을 위해 유용하게 쓰이는 분말들로, 그 기능과 종류도 정말 다양하다. 기능적인 면에서는 장점이 많은 재료지만, 분말의 성분에 따라 알칼리와 반응하면 원래의 색이 나오지 않거나 색이 점점 빠질 수 있다.

"향"

___ about Scent

Essential oil 에센셜 오일(E.O)

에센셜 오일은 식물의 꽃, 줄기, 열매, 뿌리 등에서 추출한 성분으로 휘발성이 높고 복잡한 구조의 화학물질로 이루어져 있다. 에센셜 오일은 피부 흡수와 호흡기를 통해 신체 기능을 활성화시켜 긴장 이완 등 다양한 효능을 가지고 있지만, 사람마다 다르게 피부에 알레르기를 유발하거나 자극이 될 수도 있기 때문에 사용 시 주의가 필요하다. 또한, 고농도로 농축되어 있으며 빛과 열에 민감하게 반응하여 어두운 차광 유리병에 담아 서늘하게 보관 및 사용하고, 절대 원액을 사용해서는 안 되며(라벤더, 티트리 제외) 반드시 식물성 베이스 오일 등에 섞어서 사용해야 한다.

에센셜 오일의 사용량 1ml = 20dr
비누에 적용 시 1~3%, 화장품에 적용 시 0.5%
(유아, 민감성 피부는 기준량의 절반만 사용 권장, 3세 이하와 임산부는 전문가 외 사용금지)

Frangrance oil 프래그런스 오일(F.O)

프래그런스 오일은 화학적으로 합성한 향으로서 에센셜 오일과 달리 인체에 주는 효능은 없지만 등급에 맞게 사용하면 알러지 면에서 에센셜오일보다 더 안전할 수 있다. 종류가 다양하고 원하는 향을 쉽게 얻을 수 있는 장점이 있다. 또한, 가격이 저렴하고 발향력이 좋아 대중적이며, 에센셜 오일에 비해 열에 강한 편이어서 꽃에서 추출한 비싼 오일들은 프래그런스 오일로 대체하여 사용하는 경우가 많다. 비누 제조 시 코스메틱 등급을 사용해야 한다.

우리 가족 바디 지킴이

“입욕제”

착한 재료로 가득 채운 우리 가족 바디 지킴이 "입욕제"

Aroma Bath Products

각질 보습케어 “바디스크럽”

최근 안전 성분에 대한 관심이 높아진 만큼 화학적 첨가물을 배제하고 착한 성분과 유기농 원료로 내 피부에 자극 없는 순한 바디스크럽을 직접 만들어보자. 착한 천연재료 듬뿍 넣은 바디 스크럽은 각질 및 각종 불순물 제거에 탁월하여 온 가족의 부드럽고 촉촉한 피부를 책임져준다.

천연 미네랄 수분 충전 “배스 쏠트”

자연이 선사한 큰 선물인 천연 미네랄 배스 쏠트는 노폐물 제거 및 건조한 피부에 수분을 듬뿍 채워준다. 자연에서 얻은 다양한 종류의 쏠트와 내 피부에 맞는 식물성 오일, 천연 분말, 그리고 원하는 향을 첨가하여 나만의 스페셜한 맞춤형 배쓰 쏠트를 제작해보자.

내 마음속 힐링 탄산 “바스붐”

다양한 입욕 문화 중, 인기를 한 몸에 받고 있는 바스붐은 탄산이 발생하는 발포 입욕제로 몸뿐만 아니라 마음까지 시원하게 씻어주는 힐링 제품이다. 천연 글리세린을 함유하고 있으며 식물성 오일이 첨가되어 일상생활에서 지친 피부에 생기를 불어넣어준다. 내 아이 그리고, 사랑하는 사람과 힐링 가득한 시간으로 채워보자.

몽글몽글 거품 듬뿍 “디자인 버블바”

솜사탕 같이 몽글몽글 풍성한 거품이 매력적인 버블바는 거품이 쉽게 사라지지 않아 아이, 어른 불문하고 모두에게 사랑받는 제품이다. 알록달록 상큼하고 특별한 디자인 버블바를 직접 만들어, 그 부드러운 거품 속에 퐁당 빠져보자.

1
입욕제 제작 시 필요한 도구 및 색소

저울 — 분말 재료 및 다양한 첨가물을 계량할 때 사용되며, 정확도를 위해 전자식 저울을 사용하길 권장한다.

스테인리스 볼 — 분말 재료를 계량할 때와 반죽 및 보관 시에 사용한다.

유리비커 — 액체 재료를 계량할 때 담는 도구로 사용한다.

원형 밀대, 스크래퍼, 칼 — 밀대는 반죽을 밀어 납작하고 평평하게 만드는 용도로 사용하며, 스크래퍼는 반죽을 바닥에서 떼어내거나 이동 시에 사용한다.

조각칼 — 디자인 버블바 작업 시 다양한 디테일 작업과 모양을 낼 때 사용한다.

얼음틀 — 족욕제 혹은 미니 바스붐 제작 시 사용하며, 탈형을 위해 실리콘 얼음틀보다는 단단한 제형의 얼음틀 사용을 권장한다.

색소 — 입욕제 제작 시 적용 가능한 색소의 종류로는 천연 분말, 수용성색소, 마이카 등이 있다. 숯과 같은 천연색소를 사용하면 분말 종류에 따른 컬러 연출이 가능하지만 다양한 컬러를 내기에는 한계가 있다. 또한, 식용색소도 사용되고 있지만, 조색 시 직사광선의 의해 색이 바래는 등의 단점과 화장품법에 의한 제약 사항들이 많다. 자연적으로 발생되는 광물질 백운모로부터 얻어진 마이카 및 화장품용 색소를 사용하면 조색의 편리성뿐만 아니라 비비드하고 선명한 색감까지 표현 가능하다.

Tool

저울

스테인리스 볼

몰드

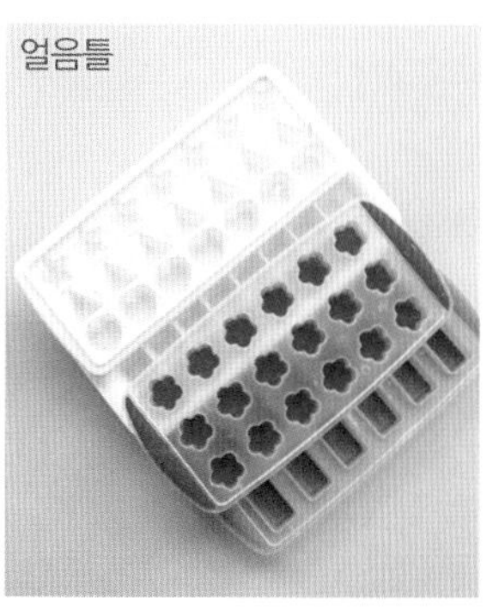
얼음틀

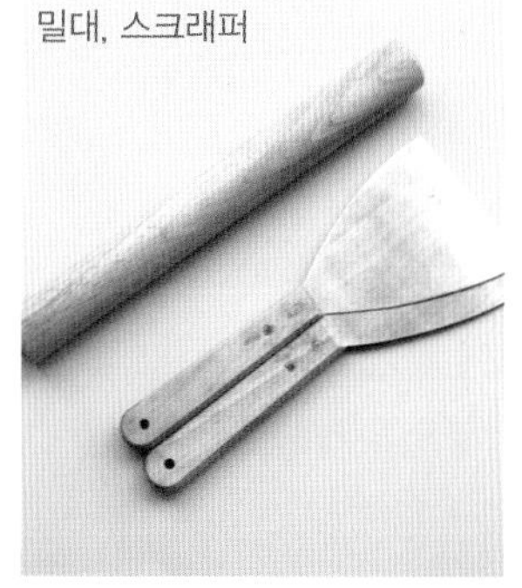
밀대, 스크래퍼

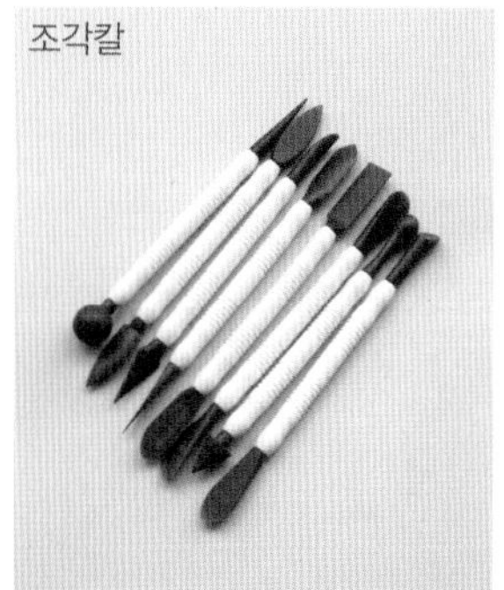
조각칼

쿠키커터

무스링

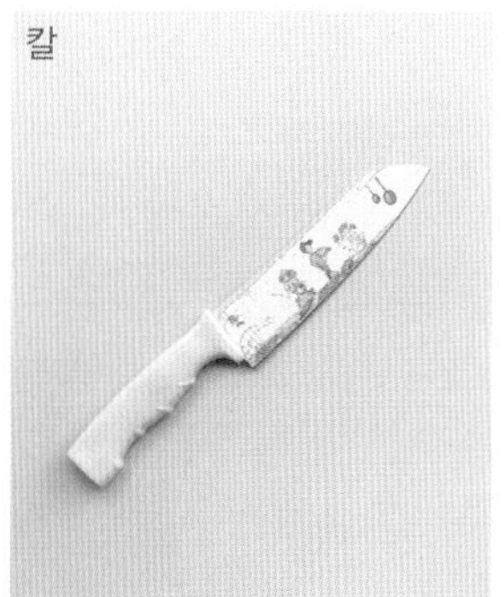
칼

수용성색소

2
바스붐 & 버블바 제작 시 필요한 가루 재료의 이해

베이킹소다 / sodium bicarbonate

100% 탄산수소나트륨이며, 알칼리성(pH8.5)이다. 산과 혼합하면 반응을 일으켜 기포를 만들고 탄산가스를 발생시키는 천연 미네랄이다. 소다는 피부를 매끄럽고 부드럽게 만들어주고, 일상 피로에 지친 피부에 생기를 불어넣기 위한 자연처방제로도 쓰이곤 한다.

구연산 / citric acid

감귤류 같은 시트러스 과일에서 자연적으로 발생하는 천연성분으로 산성이다(pH3.5). 구연산은 피로회복, 노화 방지, 주근깨 등에 좋으며, pH농도 조절, 알칼리성 원료를 중화하는 역할 및 발포제로 쓰인다. 레몬이나 덜 익은 감귤류에 많이 함유되어있는 물질로 피로회복제나 항산화제에도 널리 사용되며, 기타 일상생활에서 많이 활용되고 있다. 입욕제 제작 시 무수 구연산을 사용한다.

옥수수 전분 / cornstarch

옥수수 전분은 식품용 점증제로도 사용되며, 화장품에서는 연마제, 피부 보호제, 점증제로 사용된다. 베이킹 소다와 만나면 피지 노폐물 흡착, 피부 건조 방지, 아토피 피부에 효과적이며, 물에 녹아있는 물질들을 흡착 건조시키는 효과가 있지만 많이 첨가하면 오히려 건조해질 수 있다.

주석산, 주석영 / tartaric acid

포도주를 만들 때 침전하는 주석에 함유되어 있는 주석산(디옥시숙신산)은 산성이며, 구연산과 같은 pH 조절제 및 알칼리성 원료를 중화하는 역할을 한다. 주석영은 거품을 오랫동안 유지시켜 주는 역할을 한다. 또한, AHA의 일종으로 각질을 연화시켜 제거, 아기 세포 생성을 유도한다. 주석산이 구연산보다 더 건조하니 계량 시 주의가 필요하다.

SLSA

야자유와 팜유, 코코넛으로부터 합성한 음이온 식물성 계면활성제로서 분자가 커서 체내에 침투하지 않아 안전한 성분으로 인정되며, 거품력이 매우 뛰어나 부드럽고 풍성한 거품을 생성하고 거품의 지속력 또한 매우 좋다. 순한 성질을 가지고 있어 여성 청결제, 베이비용 제품, 민감한 피부에 사용되고 있다

혼합산 / mixed acid

혼합산은 주석영, 사과산, 구연산 등 과일 유기산을 배합하여 만든 것으로 버블바에서 주로 사용한다. 혼합산의 성분 중 주석영(주석산수소칼륨)은 포도 과즙을 발효시켜서 추출한 주석산의 하나로 흰자를 거품 낼 때, 또는 당액을 조릴 때 결정화를 막기 위해 사용된다. 성형은 쉽고 완제품의 발포력은 높게 만들어준다. 청사과에 많이 들어있는 사과산 또한 산미료로서 pH 조정제로서도 쓰인다.

3
바스붐 & 버블바 제작 시 필요한 액체 재료의 이해

코베타인 LPB typ. / lauramidopropyl betaine

코코넛 오일에서 추출한 천연 양쪽성 계면활성제로서 피부 점막을 자극하지 않아 순하고, pH에서 안정적이며, 항균력과 우수한 세정력, 기포력, 증점력까지 우수하여 입욕제에서 많이 사용되고 있다.(대체 가능 천연유래 계면활성제 p.249 참고)

식물성 오일, 베이스 오일, 캐리어 오일 / base oil

식물의 씨와 과육에서 추출, 피부에 잘 흡수된다. 에센셜 오일을 희석하는 데 사용되어 캐리어 오일이라고도 하며, 입욕 시 피부에 유익한 불포화지방산과 비타민, 미네랄을 풍부하게 함유하여 건조하고 예민한 피부에 충분한 보습과 영양을 줄 수 있다. 단, 쉽게 산화되고 빛과 열에 약하므로 서늘하고 어두운 곳에 보관하며, 사람에 따라 반응이 상이할 수 있으니 사용 전 꼭 셀프 패치 테스트는 필수다.

호호바	사람의 피부성분과 비슷, 침투력이 좋음, 보습에 탁월, 지성 건성 모두 좋음
올리브	비타민 A, D, E 함유 염증, 가려움을 억제, 피부 진정효과가 뛰어남
스윗아몬드	단백질을 다량 함유, 비타민D,E와 미네랄 풍부, 피부 회복, 가려움 억제
아보카도	필수지방산 및 비타민 풍부, 건조한 피부, 노화 방지, 습진성 피부에 좋음
살구씨	미네랄 함유량이 풍부, 클렌징, 피부 윤기, 건성 민감 노화 피부에 좋음
포도씨	비타민 함유, 매우 가볍고 피부에 쉽게 잘 흡수, 여드름 지성피부에 좋음
달맞이꽃	필수지방산과 리놀렌산을 함유, 보습 효과가 뛰어남, 아토피 피부에 좋음
로즈힙	피부 세포 재생과 세포막을 증강, 수분 유지, 주름살 피부 노화를 억제
윗점	비타민A, B 풍부, 자체 비타민E를 포함, 탄력, 건성 알레르기성 피부에 좋음
마카다미넛	주성분인 올레인산으로 피부 노화 억제, 유연 작용
카렌듈라	인퓨즈드 혹은 침출유로 사용, 항염증 작용과 항진균 작용, 습진, 상처 회복

4
향료
essential oil, fragrance oil

앞서 설명드린 비누와 마찬가지로 모든 화장품 및 비누에 사용되는 대표적인 향료로는 크게 에센셜 오일 E.O와 프래그런스 F.O가 있다. 에센셜 오일은 식물의 꽃, 줄기, 열매, 뿌리, 잎 등에서 추출한 성분으로 피부와 호흡기를 통해 흡수된 에센셜 오일은 혈액관을 통해 그 기능을 활성화시키며 고농도로 농축되어 있어 빛과 열에 약하니 보관 시 주의가 필요하다.

에센셜 오일은(라벤더, 티트리 제외) 원액을 사용해서는 안 되며, 식물성 오일과 희석해서 사용해야 한다. 프래그런스 오일은 캐미컬 향과 에센셜 등 여러 향을 인공적으로 합성 제조한 향료로 꼭 코스메틱 등급 이상을 사용해야 하며, 에센셜 오일 양의 절반 정도만 사용해도 발향력이 좋다.(입욕제 제작 시 전체 양의 1% 사용)

Tip ___ 바스붐 반죽법

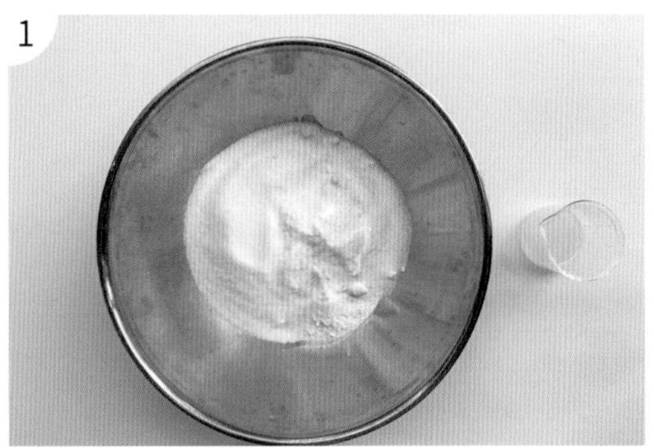

가루 재료는 스테인리스 볼에, 액체 재료는 유리비커에 계량한다.

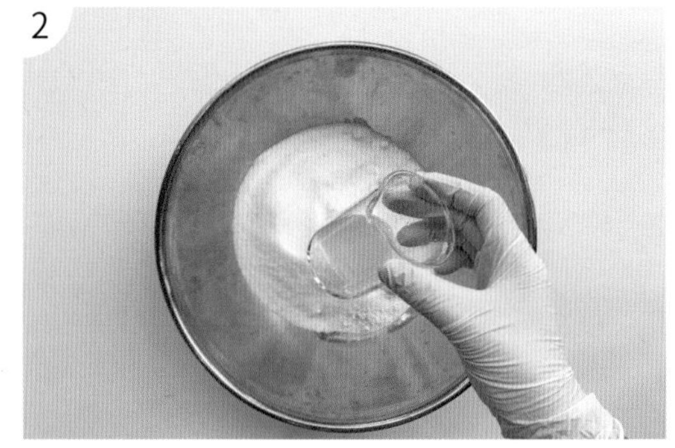

액제 재료가 담긴 유리비커를 흔들어가며 유화시킨다.(불투명해짐)

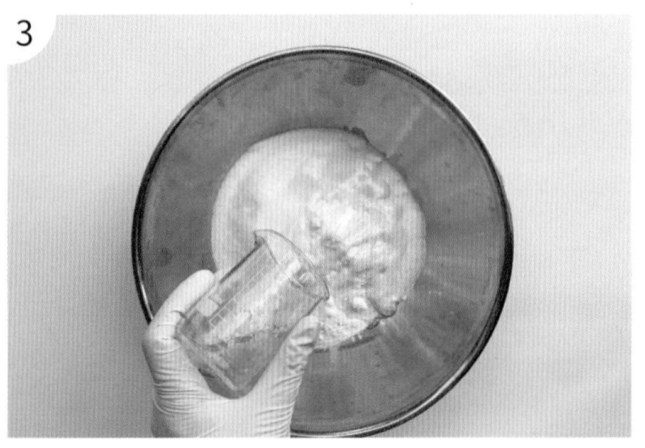

유화시킨 액체 재료를 남김없이 가루 재료에 부어준다.

손바닥으로 비벼가며 전체적으로 촉촉해질 때까지 반죽한다.

손으로 쥐었다 폈을 때 덩어리로 뭉쳐지는지 점도를 확인한다.

Tip ___ 버블바 반죽법

1

가루 재료와 액체 재료를 계량한 후 가루 재료를 덩어리 없이 잘 섞어준다.

2

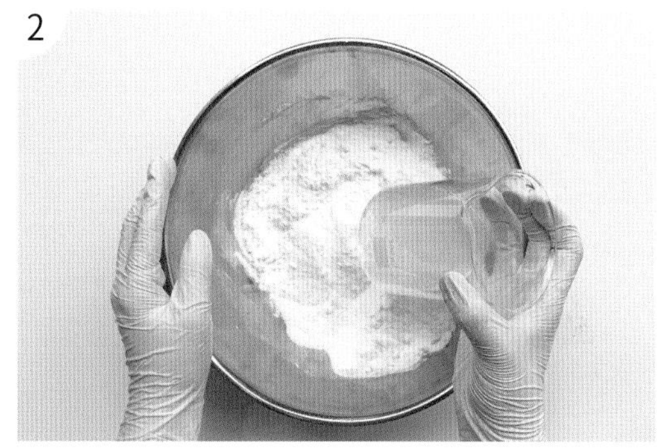

액체 재료를 흔들어서 유화시킨다.(불투명해짐)

3

액체 재료를 가루 재료에 부어준다.

4

손으로 쥐어짜듯이 골고루 반죽한다.

5

처음에는 손에 달라붙는 생크림 제형이다.

6

손에 묻어나지 않고 반죽이 쫀쫀해질 때 반죽을 멈춘다.

컬러 배스 쏠트

자연의 선물인 천연 미네랄을 듬뿍 품은 쏠트를 사용하는 입욕은 그 자체만으로 힐링이다. 여러 가지 종류의 쏠트 중 고대 청정지역 히말라야 조산 운동으로 형성된 히말라야 크리스탈 쏠트는 왕의 소금이라고도 불린다. 히말라야 크리스탈 쏠트에 다양한 색소를 섞어 컬러풀한 디자인의 쏠트를 제작해보자.

Tool 보울, 저울, 유리비커, 용기(200ml)

Material 히말라야 크리스탈 쏠트 200g, 입욕제 색소(핑크, 그린), 에탄올, 에센셜오일 10~15drop

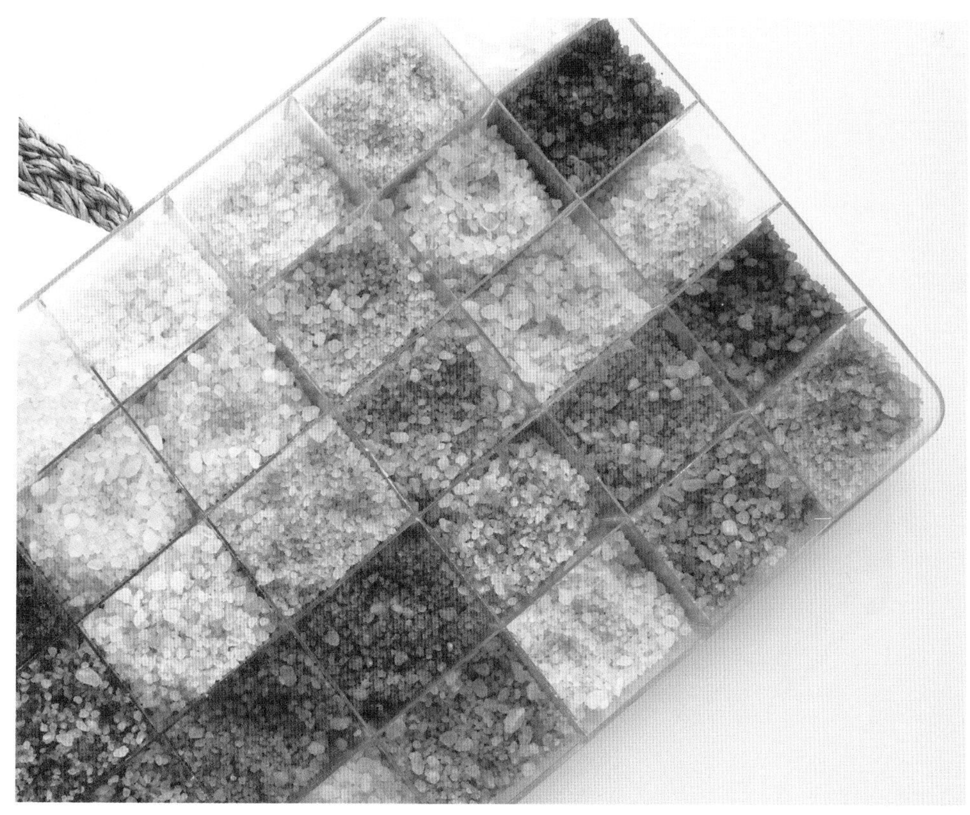

How to make

1. 히말라야 크리스탈 쏠트 200g을 계량한다.
2. 각각 다른 두 컬러를 조색하기 위해 쏠트를 100g씩 반반 나눠준다.
3. 원하는 입욕제 컬러 색소를 준비한다.
4. 각 쏠트에 색소를 소량 넣어준다.(입욕제 쏠트 색소)

   tip 천연 분말, 마이카, 화장품 색소를 사용해 다양한 컬러를 표현해보자.
5. 에탄올을 준비한다.

   tip 에탄올은 무수에탄올과 약국에서 판매하는 소독용 에탄올 어떤 것을 사용해도 좋다.
6. 에탄올을 컬러 부분에 적당히 몇 번 뿌려준다.
7. 손가락을 사용해 비벼주면 색소가 더욱 선명해진다.

   tip 색소 별로 발색력이 상이할 수 있으니 꼭 소량씩 첨부해가며 조색한다.
8. 색소가 뭉친 덩어리가 없는지 잘 확인한다.
9. 제라늄 에센셜 오일 10drop과 라벤더 에센셜 오일 5drop을 나눠서 넣은 후 7번과 같은 방법으로 손가락을 사용해 잘 비벼 섞어준다.
10. 깔때기를 사용해 준비된 용기(200ml)에 담아 사용한다.

    tip 쏠트 양은 주 1회 성인 기준 전신욕 50g, 반신욕 30g, 족욕 10g 정도가 적당하다.

Point

1. 입욕제 색소는 발색력이 매우 뛰어나 MP비누 색소로도 많이 사용된다.
2. 에탄올을 뿌린 후 충분히 흔들어서 건조하고 용기에 담아야 뭉침 현상이 없다.

허브 바스 파우더

시중에서 쉽게 구할 수 있는 베이킹소다와 구연산, 그리고 그 밖의 다양한 천연 재료를 사용해서 바스 파우더를 만들어보자. 몽글몽글한 거품과 시원한 허브향, 찰랑이는 물소리까지. 하루의 긴장과 피로를 풀기에 더할 나위 없다. 나만의 특별한 입욕 시간, 고급 스파가 부럽지 않다.

Tool 보울, 저울, 유리비커, 미세 거름망, 용기(500ml)

Material 베이킹소다 300g, 구연산 130g, 주석산 50g, slsa 10g, 코코베타인 5g, 호호바 오일 8g, 일링일랑 에센셜 오일 3g, 파인 에센셜 오일 2g, 허브(카렌듈라, 레몬밤, 로즈 페탈), 천연 분말 3g(오트밀 2g, 어성초 1g)

How to make

1. 스테인리스 볼에 가루 재료인 베이킹소다, 구연산, 주석산, slsa를 계량하고, 유리비커에 액체 재료인 코코베타인, 호호바 오일, 일랑일랑 에센셜 오일과 파인 에센셜 오일을 계량해준다.
2. 액체 재료를 흔들어서 유화시킨 후 스테인리스 볼에 부어준다.
3. 양손으로 힘주어 비벼가며 골고루 반죽한다.
4. 천연 분말(오트밀, 어성초)을 넣어준다.
5. 3번과 같이 손바닥으로 비벼가며 골고루 반죽해준다.
6. 덩어리는 미세 체망에 걸러준다.
7. 준비해둔 허브(카렌듈라, 레몬밤, 로즈패탈)를 넣어준다.
8. 반나절에서 하루 정도 충분히 건조 후 용기에 담아 사용한다.
   tip 성인 기준 1회 100~150g 사용 가능

Point

1. 오트밀, 어성초 대신 파프리카 분말, 진주 분말, 등 다양한 천연 분말을 사용해보자.
2. 허브 선택 시 자칫 하수구가 막힐 수 있으니 꼭 작은 허브를 사용하자.

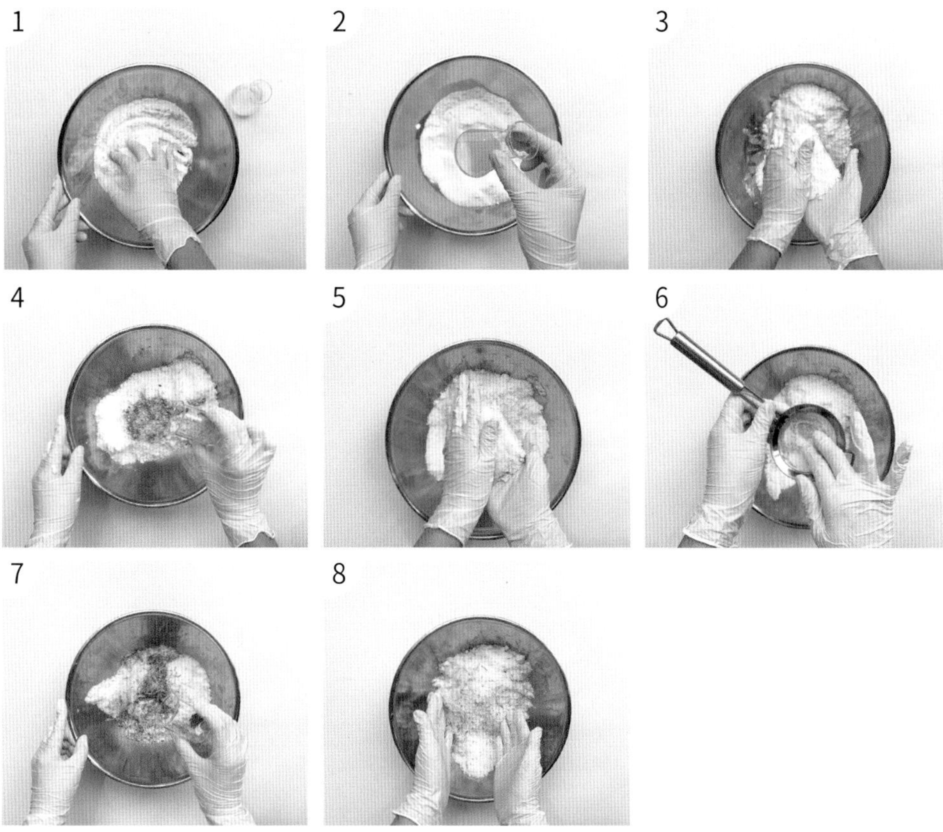
1
2
3
4
5
6
7
8

슈가 스크럽

바디 피부를 젊고 매끈하게 유지하고 싶다면 바디 스크럽을 통해 묵은 각질과 노폐물을 제거해주는 것이 좋다. 유기농 설탕과 천연 분말을 사용해서 내 피부에 더 건강한 스크럽을 만들어보자. 묵은 각질과 노폐물 제거는 물론이고, 보습에 도움을 주는 여러 가지 오일이 함유되어 있어 목욕 후에 매끄러움과 촉촉함을 동시에 느낄 수 있다. 행복을 배가시키는 스윗 오렌지의 달콤하고 상큼한 향기도 느껴보자. Maroon5의 Sugar송이 절로 흥얼거려질 것이다.

Tool 저울, 보울, 스푼, 비커, 용기(200ml)

Material 유기농 설탕 120g, 호두껍질 분말 5g, 히비스커스 분말 3g, 라즈베리 분말 2g, 호호바 오일 10g, 포도씨 오일 10g, 스윗아몬드 오일 20g, 스윗오렌지 20drop, 비타민E 1g

BODY SCRUB
ISOH
NATURAL POWDER
ORGANIC SUGAR + COFFEE
JOJOBA OIL
7oz / 200g

How to make

1. 볼에 유기농 설탕을 계량한다.
2. 호두껍질 분말을 넣고 잘 섞어준다.
3. 오일류(호호바, 포도씨, 스윗아몬드, 비타민E)를 계량한 후 절반만 부어준다.
4. 천연 분말(라즈베리, 히비스커스)을 넣고 잘 섞어준다.
5. 나머지 오일을 넣고 덩어리가 지지 않게 골고루 섞어준다.
6. 스윗오렌지 에센셜 오일을 첨가한다.
7. 준비해둔 용기에 담아 서늘한 곳 혹은 냉장 보관한다.
8. 주 1회 물기가 있는 피부에 소량씩 덜어 사용한다.

Point

1. 오일의 양은 원하는 점도에 따라 조절 가능하며, 사용자 피부 타입에 맞게 다양한 식물성 오일을 사용해보자
2. 설탕 대신 앱섬쏠트를 사용해도 좋다.
3. 설탕 혹은 쏠트 입자가 제각각 다르므로 민감성 피부는 최대한 작은 입자의 재료를 사용하고, 굵은 입자의 설탕과 쏠트는 믹서기에 갈아서 사용한다.
4. 각 효능에 따른 다양한 천연 분말을 사용해보자.
5. 호두껍질 분말 대신 커피 가루를 사용해도 좋다.(단, 한번 내려먹은 커피 분말을 제대로 말릴 것)

1
2
3
4
5
6
7
8

풋 슈가 스크럽

아무리 반짝이는 유리구두일지라도, 하얗게 각질이 일어난 건조한 발이었다면 왕자님은 신데렐라에게 과연 구두를 신겨주었을까? 각질 없이 부드러운 발을 가지고 싶다면, 유기농 흑설탕을 사용한 풋 슈가 스크럽을 사용해보자. 오일과 보습성분을 첨가해 피부에 자극을 최소화하고 스크럽 후의 촉촉함은 오래 유지된다.

Tool　저울, 비커, 스푼, 비커, 실리콘 아이스 몰드

Material　(총량: 100g)
살구씨 오일 6g , 호호바 오일 10g, 포도씨 오일 4g, 유기농 흑설탕 50g, 비누 베이스 20g, 글리세린 2g, 오트밀 분말 1g, 비타민E 1g, 레몬 10drop, 티트리 10drop

How to make

1. 유리비커에 유기농 흑설탕, 오트밀 분말을 계량한다.
2. 다른 비커에 호호바 오일, 포도씨 오일, 살구씨 오일과 글리세린, 비타민E 에센셜 오일을 계량 후 1번에 넣고 골고루 잘 섞어준다.
3. 비누 베이스를 녹인다.(핫플레이트 혹은 전자레인지)
4. 녹인 비누 베이스를 준비해놓은 흑설탕에 넣어 빠르게 잘 섞어준다.
5. 실리콘 아이스 몰드에 꾹꾹 눌러 담고 굳힌다.
6. 완전히 굳은 후 빼내어 사용한다.(바로 사용 가능)

Point

1. 오트밀 분말 대신 카카오 분말 혹은 호두껍질 분말을 사용해도 좋다.
2. 비누 베이스를 섞은 후에는 빨리 굳을 수 있으니 빠르게 작업한다.

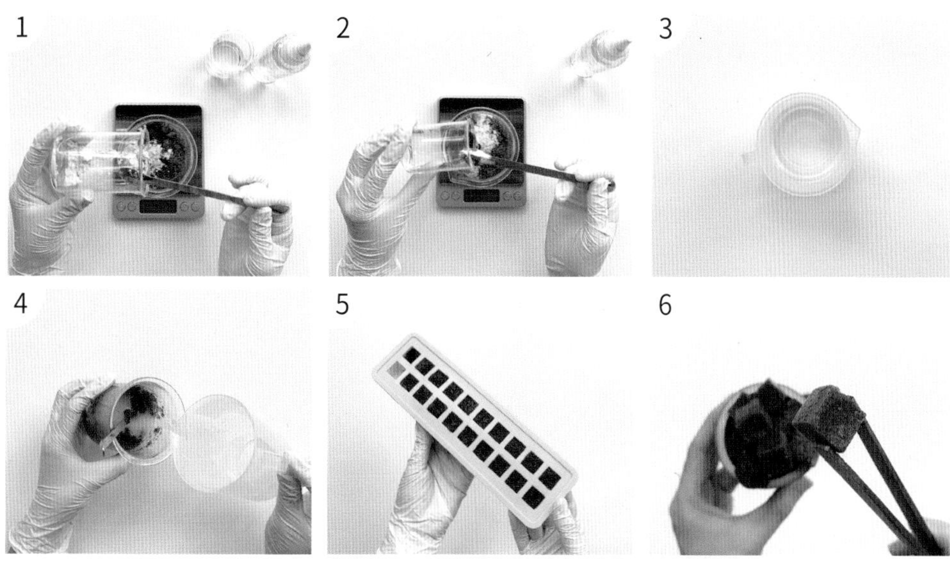
1
2
3
4
5
6

고보습 바스쏠트

고대 이집트의 클레오파트라가 나귀 떼를 몰고 다녔다는 미용 원정지 사해. 사해소금으로 천연 스파를 즐겨했던 클레오파트라를 위해 연인 안토니우스는 사해 주변지역을 완전 정복하기까지 했다. 사해소금은 다양한 미네랄을 함유하고 있어 피부 건조에 의한 가려움과 자극을 완화하고, 노폐물 배출에도 효능이 뛰어나 고급 쏠트로 여겨진다. 또한 식용 등급의 로즈 페탈 허브와 제라늄 에센셜 오일이 만나 입욕 시 풍부한 아로마 향취를 즐길 수 있다.

Tool 보울, 저울, 유리비커, 용기(200ml)

Material 사해소금 100g, 앱섬쏠트 100g, 호호바 오일 4g, 올리브 오일 6g, 비타민E 1.5g, 로즈 페탈 허브, 카렌듈라 허브, 제라늄 20drop

How to make

1. 우드볼에 앱섬쏠트과 사해소금을 각각 계량한 후 섞어준다.
2. 유리비커에 오일류(호호바, 올리브, 비타민E)를 계량한다.
3. 1번에 로즈페탈과 카렌듈라 허브 적당량을 넣어 잘 섞어준다.
4. 3번에 2번을 넣고 흡수가 잘 되도록 골고루 섞어준다.
5. 에센셜 오일을 넣고 잘 섞어준다.
6. 용기에 담아 서늘한 곳에 보관하여 주 1회 사용한다.
   tip 쏠트 양은 주 1회 성인 기준 전신욕 50g, 반신욕 30g, 족욕 10g 정도가 적당하다.

Point

1. 히말라야 크리스탈 쏠트 또는 천일염 등 다양한 소금으로 대체 가능하다.
2. 깊은 향취가 우러나는 식용 등급의 허브를 사용해본다.
   tip 라벤더, 레몬밤, 로즈마리 등 다양한 허브를 사용해도 좋다.
3. 입욕 시간은 20분 이내가 적당하며, 입욕 시 적정 물 온도는 40℃다.(단, 음주 후 입욕은 절대 금물)

쥬시 버블바스

달콤한 망고향이 은은하게 퍼지면서 코가 먼저 행복하고, 알록달록 예쁜 컬러쥬시를 보면서 눈으로 한번 더 힐링되는 시간을 즐겨보면 어떨까? 사해소금이 듬뿍 담겨 가려움증과 노폐물제거, 보습에 탁월하며, 몽실몽실한 거품까지 매력적인 초간단 입욕제 쥬시 버블바스로 우리 가족의 피부를 지켜보자.

Tool　유리비커, 저울, 쥬스파우치 200ml(2~3회 사용 가능)

Material　정제수 120g, 코코베타인 40g, 애플워시 40g, 사해소금 35g, 글리세린 10g, 망고 프래그런스 오일 2g

THANK YOU
THANK YOU
THANK YOU
THANK YOU
hello

How to make

1. 정제수가 담긴 비커에 사해소금을 넣어 녹여 둔다.(처음에는 뿌예질 수 있으나 곧 투명해진다.)
2. 다른 비커에 코코베타인과 애플워시를 계량한 후 잘 섞어준다.
3. 또 다른 비커에 수용성 색소와 향을 계량한다.(가루색소를 사용 전 글리세린에 개어준다. 가루색소는 추후 가라앉을 수 있으니 수용성 색소를 사용하는 것을 추천한다.)
4. 제작 순서 1번에 2번을 넣고 잘 섞어준다.
5. 색과 향이 첨가된 글리세린 비커를 4번에 넣고 잘 섞어준다.
6. 포장 용기에 깔때기를 꽂아 부어준다.
7. 내용물이 잘 섞일 수 있도록 몇 번 흔들어준다.
8. 원하는 색으로 다양하게 제작가능하다.
   tip 쥬스파우치 200ml 기준 (2~3회 사용 가능)

Point

1. 사해소금 대신 히말라야 크리스탈 쏠트 혹은 앱섬 쏠트를 사용해보자.
2. 정제수 대신 다양한 플로럴워터도 사용 가능하다.
3. 여러 컬러와 향을 넣어 제작해보자.

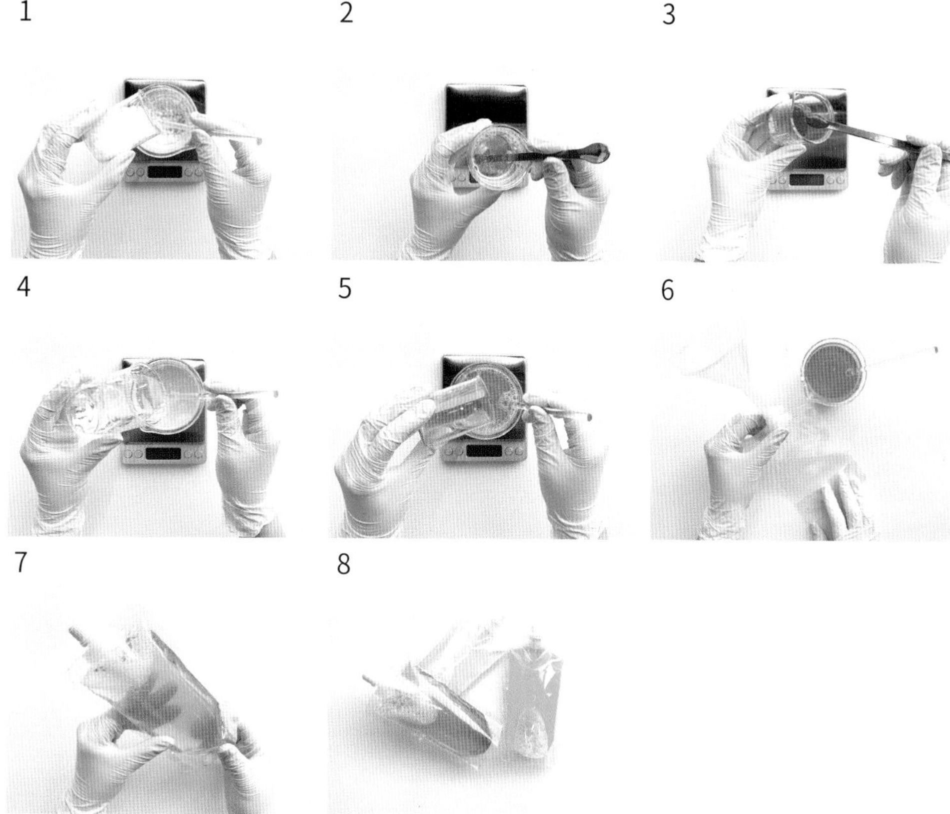

미니 큐브 풋케어 밤

발 건강이 곧 몸 건강이라는 말이 있다. 피부 보습에 효과적인 미니큐브 풋케어 밤을 미온수에 넣어 족욕 타임을 가지면 혈액순환은 물론이고 하루에 피로가 풀기는 개운함을 느낄 수 있다. 하루 종일 온몸을 디디며, 지탱해준 내 고마운 발. 오늘도 수고했어!

Tool 스테인리스 볼, 저울, 비커, 용기, 플런저 쿠키커터

Material 베이킹소다 125g, 구연산 60g, 주석산 25g, slsa 1g, 코코베타인 2g, 호호바 오일 2g, 녹차 추출물 1g, 페퍼민트 에센셜 오일 2g(티트리로 대체 가능)

How to make

1. 스테인리스 보울에 가루 재료인 베이킹소다, 구연산, 주석산, slsa를 계량하고, 유리비커에 액체 재료인 코코베타인, 호호바 오일, 녹차추출물, 페퍼민트 에센셜 오일을 계량한 후 액체 재료를 흔들어서 유화시킨 후 혼합한다.
2. 바스붐 반죽법과 동일하게 양손으로 비벼가며 골고루 반죽한다.(바스붐 반죽법 참고 p.112)
3. 잘 뭉쳐지는지 점도를 체크한다.
4. 조색을 위해 반으로 나누고 선택한 컬러를 첨가한다.(수용성색소: 그린, 블루)
5. 컬러의 뭉쳐짐이 없도록 비벼가며 잘 섞어준다.
6. 준비한 얼음틀에 원하는 조색 가루를 가득 넣고 꾹꾹 눌러준다.
7. 같은 방법으로 다른 컬러도 완성한 후 20분 정도 건조시킨다.
8. 얼음틀을 바닥에 내려친다.
9. 완성 후 반나절에서 하루 정도 건조 후 용기에 담아 사용한다.

Point

1. 얼음틀에 반죽 파우더를 넣을 때에는 꼭 주변을 깨끗하게 정리해야만 나중에 탈형할 때 가루로 부서지지 않고 깨끗하게 탈형된다.
2. 작업 속도가 느려지는 경우에는 파우더가 건조해질 수 있으니 위치 헤이즐 워터(스프레이 타입)로 멀리서 두 번 정도 뿌린 후 다시 반죽해서 사용한다.
3. 보관 시 꼭 습한 곳은 피하고 건조한 곳에 보관한다.
4. 쿠키커터 푸셔로 다양한 모양을 만들어보자. 실리콘 얼음틀은 모양이 잘 잡히지 않는다.

1
2
3
4
5
6
7
8
9

플라워 바스붐

피부 보습과 피로회복에 탁월한 바스붐에 아름다운 꽃장식이 더해진 플라워 바스붐. 일랑일랑과 로즈우드 에센셜 오일이 꽃향기를 더욱 풍부하게 만들어준다. 오롯이 나를 위한 선물 같은 시간. 탄산과 함께 물결에 퍼지는 바스붐이 모두 녹고 난 후, 그림처럼 물 위에 떠있는 꽃 한 송이의 여운조차 매력적이다.

Tool　　스테인리스 볼, 저울, 유리비커, 원구 몰드(지름 6cm)

Material　　베이킹소다 300g, 구연산 130g, 주석산 50g, slsa 5g, 코코베타인 3g, 스윗아몬드 오일 6g, 일랑일랑 에센셜 오일 2g, 로즈우드 3g, 압화

How to make

1. 가루 재료인 베이킹소다, 구연산, 주석산, slsa를 스테인리스 볼에 넣고, 액체 재료인 코코베타인, 스윗아몬드 오일, 일랑일랑 에센셜 오일, 로즈우드 에센셜 오일을 유리비커에 넣어 액체 재료를 흔들어가며 유화시킨 후 혼합한다.(바스붐 반죽법 참고 p.112)
2. 바스붐 반죽법과 동일하게 손바닥으로 비벼가며 골고루 반죽해준다.
3. 준비한 압화에 에탄올(스프레이 타입)을 두 번 정도 뿌려준다.
4. 반구 틀에 압화의 에탄올 뿌린 부분이 위로 올라오게 배치한다.
5. 압화가 움직이지 않도록 조심히 바스붐 가루를 얹혀준다.
6. 반구 틀 위로 봉긋하게 올라오게 쌓아준다.
7. 한쪽 반구 틀(bottom)에 6번 방법으로 4개 모두 완성한다.
8. 반대쪽 반구 틀(top)에 같은 방법으로 바스붐 가루를 쌓아올린 후 반대쪽과 정확히 마주 보게 만든다.
9. 서로 마주 본 반구 틀 2개를 합치면서 꾹 눌러 압축한다. 이때, 몰드가 완전히 잠기지 않게 눌러야 탈형이 쉽다.
10. 먼저 작업했던 4개의 압화 부분 반구 틀을 조심히 탈형한다. 10~15분 정도 건조 후 반대쪽도 마저 탈형한다. 하루 정도 충분히 건조 후 사용한다.

Point

1. 압화에 에탄올을 뿌릴 때는 소량만 뿌려주자. 너무 많이 뿌리면 탈형 후 부푸는 현상이 생길 수 있다. 바로 사용하지 않는 경우는 랩 등으로 포장 및 건조한 곳에 보관한다.

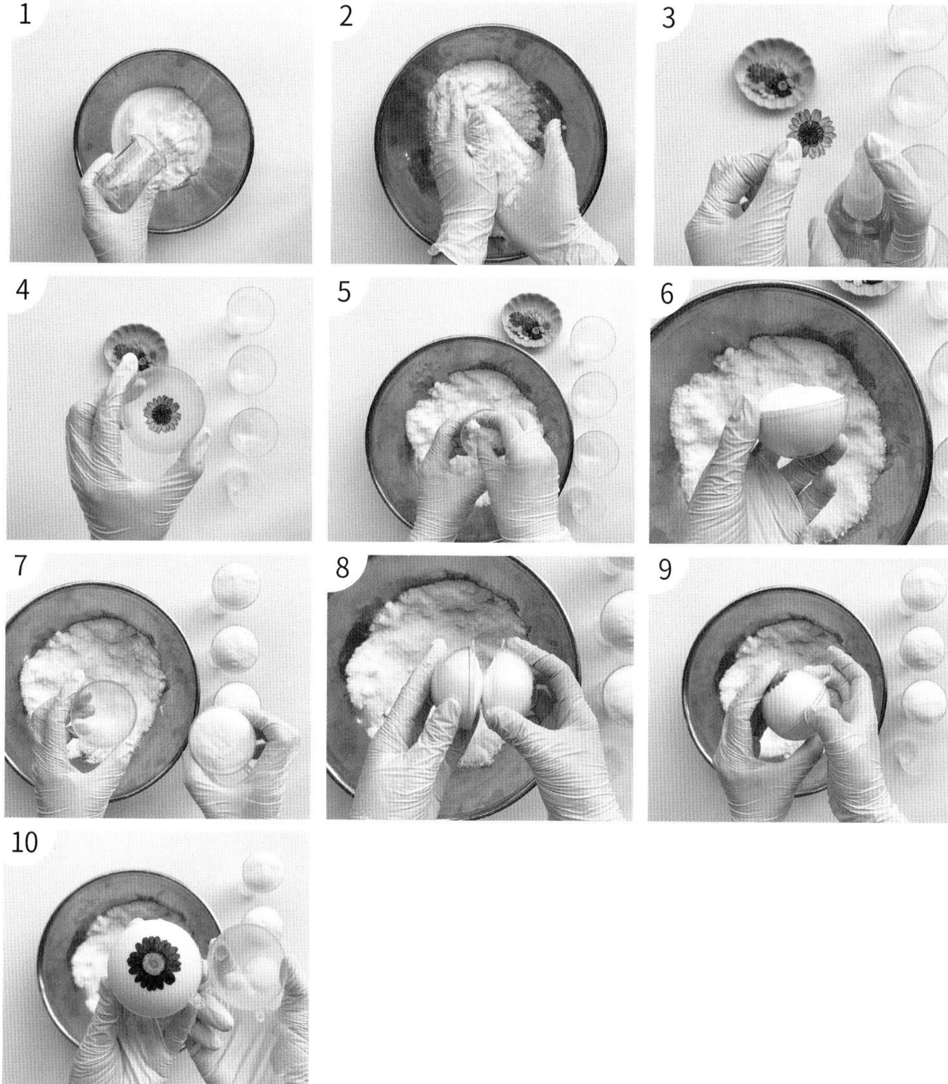
1
2
3
4
5
6
7
8
9
10

ISDH 천연 분말 고보습 바스붐

바스붐을 사용한 입욕은 그 자체로도 건조하고 가려운 피부에 효과적이고, 혈액순환을 도와준다. 각각의 효능을 가진 천연 분말을 사용해서 내 피부에 꼭 맞는 나만의 레시피로 천연 분말 바스붐을 만들어보는 건 어떨까? 건조한 피부에 특히 추천하는 오트밀 분말, 아토피와 미백에 효과가 있는 파프리카, 피부 수렴과 노화 피부에 좋은 녹차 분말을 사용한 천연 분말 바스붐을 소개한다. 본 레시피는 ISDH 국제디자인수공예 아카데미에서 재작년 아로마 입욕제 전문가 과정에서 첫 선을 보인 레시피로 많은 입욕제 러버 분들에게 너무나도 큰 사랑을 받고 있는 입욕제 중 하나이다.

Tool 스테인리스 볼, 저울, 유리비커, 원구 몰드(지름 6cm)

Material 베이킹소다 300g, 구연산 150g, 옥수수전분 50g, 앱솜쏠트 30g, 유기농 코코넛 오일 5g, 호호바 오일 3g, 만다린 에센셜 오일 2g, 샌달우드 3g, 라벤더워터 10g, 천연 분말(오트밀, 파프리카, 녹차)

How to make

1. 가루 재료인 베이킹소다, 구연산, 옥수수전분, 앱솜쏠트를 스테인리스 볼에 넣고, 액체 재료인 코코넛 오일, 호호바 오일, 만다린 에센셜 오일, 샌달우드 에센셜 오일, 라벤더워터를 유리비커에 넣어 액체 재료를 흔들어가며 유화시킨 후 액체 재료를 조금씩 넣어가며 반죽 및 혼합한다.(앞서 제작한 플라워 바스붐은 액체 재료를 한번에 넣고 비벼서 반죽했다면, 천연 분말 고보습 바스붐은 액체 재료를 조금씩 넣어가며 조물조물 반죽한다. 천연 분말 고보습 바스붐 제형이 플라워 바스붐 제형보다 훨씬 촉촉하다.)
2. 배스 파우더를 삼등분하고, 천연 분말을 준비한다.(녹차, 오트밀, 파프리카)
3. 배스파우더에 분말을 넣고 손바닥을 비벼가며 조색한다.
4. 반구 틀 위로 봉긋하게 올라오게 쌓아준다. 한쪽 반구 틀(bottom)에 4개 모두 완성한다.
5. 반대쪽 반구 틀(top)에 4번과 같은 방법으로 배스 파우더를 쌓아 올린 후 반대쪽과 정확히 마주 보게 한 후 꾹 눌러 압축한다. 이때, 몰드가 완전히 잠기지 않고 맞닿는 정도까지만 눌러야 탈형이 쉽다.
6. 몰두 주변을 깨끗하게 정리한다.(탈형 시 맞닿는 부분 바스러짐을 방지)
7. 먼저 작업한 반구 4개 먼저 탈형한다.
8. 10분 정도 건조 후 반대쪽도 마저 탈형한 다음 하루 정도 충분히 건조 후 사용한다.

Point

1. 원하는 색감에 따라 다양한 천연 분말을 사용해보자.
   tip 카카오-브라운, 호박-노랑, 칼라민-핑크, 숯-그레이 등.
2. 원구 몰드 이외에 여러 모양의 몰드를 사용해보자.
   tip 쿠키커터 푸셔형 등이 있다.
3. 입욕 시간은 20분 이내가 적당하며, 입욕 시 적정 물 온도는 40℃이다.(단, 음주 후 입욕 금물)
4. 앱솜쏠트 대신 사해소금, 히말라야 크리스탈 쏠트로 대체 가능하나 입자가 굵어 꼭 믹서기에 갈아서 사용한다.

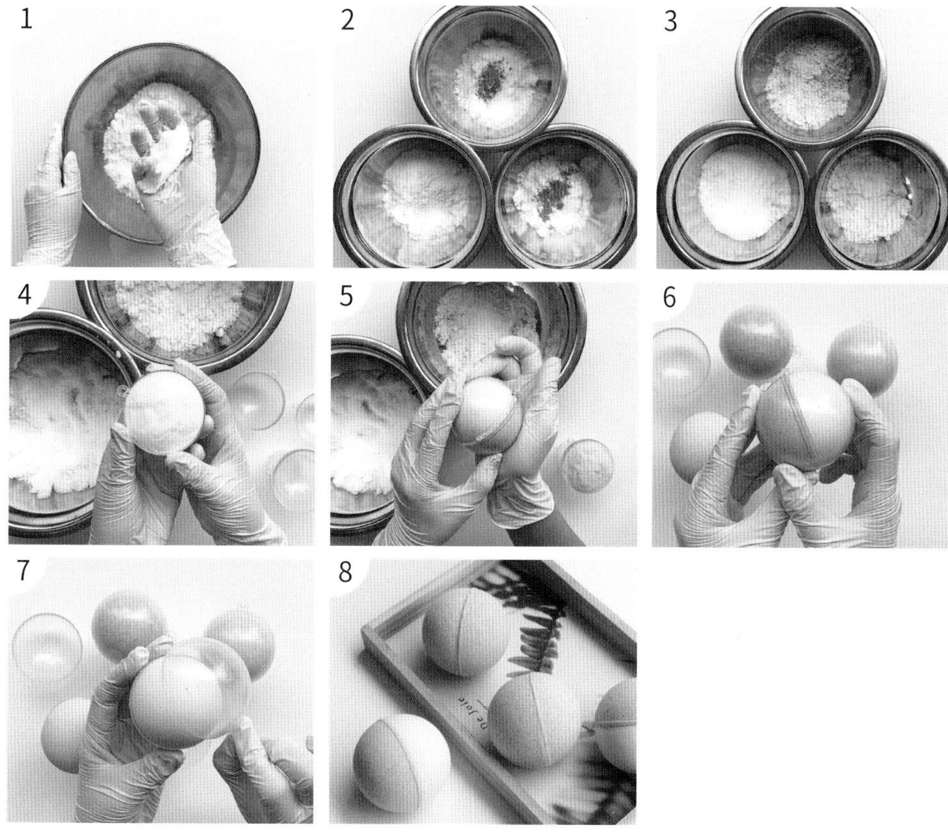
1
2
3
4
5
6
7
8

허브 바스붐

예로부터 널리 활용되어온 허브들은 식용, 약용은 물론 피부에도 다양한 효능들을 가지고 있다. 라벤더 허브를 입욕 시에 더해주면 은은한 라벤더 향이 우러나 불면증에 효과적이며, 피부의 신진대사를 촉진하고 항염, 진통, 진정효과가 있다. 장미꽃잎은 건조한 피부와 노화 피부에 특히 좋으며, 바스붐을 만들 때 허브를 2~3가지 믹스해서 사용하거나, 허브를 대신해 쏠트를 올려도 좋다.

Tool 스테인리스 볼, 저울, 유리비커, 원구 몰드(지름 6cm)

Material 베이킹소다 300g, 구연산 150g, 주석산 40g, slsa 5g, 애플워시 2g, 올리브 오일 6g, 레몬 에센셜 오일 2g, 페퍼민트 3g, 위치 헤이즐 워터 1g, 다양한 허브

How to make

1. 가루 재료인 베이킹소다, 구연산, 주석산, slsa를 스테인리스 볼에 넣고, 액체 재료인 코코베타인, 스윗아몬드 오일, 만다린 에센셜 오일, 샌달우드 에센셜 오일을 유리비커에 넣어 액체 재료를 흔들어가며 유화시킨 후 혼합한다.(바스붐 반죽법 참고 p.112) 바스붐 반죽법과 동일하게 손바닥으로 비벼가며 골고루 반죽 후 점도를 체크한다.
2. 원구 틀 4세트와 다양한 허브를 준비한다.(60mm 원구 틀 × 4 / 개당 120g 정도)
3. 반구 틀에 원하는 허브를 넣고 핀셋을 사용해 펼쳐준다.
4. 반죽 파우더를 허브가 움직이지 않도록 조심스럽게 올려준다.
5. 파우더가 봉긋하게 올라올 때까지 쌓아준다.
6. 한쪽 반구 틀(bottom) 4개를 모두 완성한다.
7. 반대쪽 반구 틀(top)도 6번과 같은 방법으로 배스 파우더를 쌓아 올린 후 반대쪽과 정확히 마주 보게 한 후 꾹 눌러 압축한다. 이때, 몰드가 완전히 잠기지 않고 맞닿는 정도까지만 눌러야 탈형이 쉽다.
8. 먼저 작업한 반구 4개 먼저 탈형한다.
9. 10~15분 정도 건조 후 반대쪽도 마저 탈형한 다음 하루 정도 충분히 건조 후 사용한다.

Point

1. 다양한 천연 허브와 컬러 쏠트를 사용해보자.
   tip 자스민, 캐모마일, 레몬밤, 라벤더, 카렌듈라, 수레국화 등
2. 허브를 많이 쌓아 올리는 경우 탈형 시에 허브가 떨어져 나갈 수 있으니 허브가 있는 반구 틀을 나중에 탈형하는 것이 좋다.
3. 천연 분말로 색을 내어 또 다른 느낌의 내추럴한 바스붐을 제작해보자.

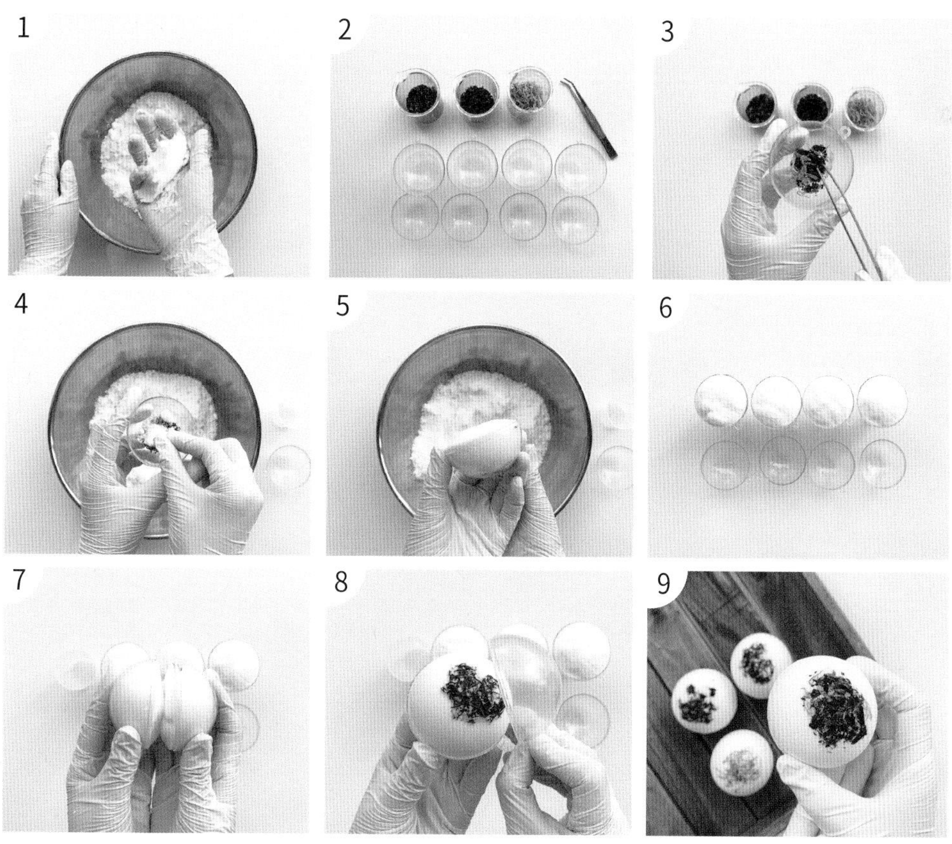
1
2
3
4
5
6
7
8
9

컬러풀 바스붐

사람마다 가진 색깔이 다르듯, 그 당시의 공간, 감정 등에 따라 좋아하는 색깔도 달라진다. 바스붐에 좋아하는 색감을 조색하여 컬러풀한 나만의 바스붐을 만들어보자. 입욕제를 넣는 순간, 몸의 피로가 풀리는 것은 물론이고 내가 만든 색감으로 번져가는 물을 바라보는 것도 꽤나 소소한 재미다. 원하는 색감을 2가지 골라서 위, 아래 색이 다른 반반 바스붐도 만들어보자. 나의 컬러와 너의 컬러가 반반씩 만난다면?

Tool 스테인리스 볼, 저울, 유리비커, 원구 몰드(지름 6cm)

Material 베이킹소다 300g, 구연산 150g, 주석영 40g, slsa 5g, 코코베타인 2g, 올리브 오일 4g, 위치 헤이즐 워터 1g, 피치 프래그런스 오일 4g, 컬러색소(색소1:2글리세린)

How to make

1. 가루 재료인 베이킹소다, 구연산, 주석영, slsa를 스테인리스 볼에 넣고, 액체 재료인 코코베타인, 올리브 오일, 위치헤이즐 워터, 프래그런스 오일을 유리비커에 넣어 액체 재료를 흔들어가며 유화시킨 후 혼합한다.(바스붐 반죽법 참고 p.112) 바스붐 반죽법과 동일하게 손바닥으로 비벼가며 골고루 반죽 후 점도를 체크한다.
2. 원구 틀 4세트와 컬러 색소를 준비한다.(60mm 원구 틀 × 4 / 개당 120g 정도)
3. 4가지의 다른 컬러 조색을 위해 각 컬러당 120g씩 계량하여 조색한다.
4. 한쪽 반구 틀(bottom) 4개를 모두 완성한다.
5. 반대쪽 반구 틀(top)도 3번과 같은 방법으로 배스 파우더를 쌓아 올린 후 반대쪽과 정확히 마주 보게 한 후 꾹 눌러 압축하고 주변을 깨끗하게 정리한다. 이때, 몰드가 완전히 잠기지 않고 맞닿는 정도까지만 눌러야 탈형이 쉽다.
6. 먼저 작업한 반구 4개 먼저 탈형한다.
7. 10~15분 정도 건조 후 반대쪽도 마저 탈형한 다음 하루 정도 충분히 건조 후 사용한다.

Point

1. 조색 시 천연 분말로는 표현하기 어려운 컬러를 수용성색소 혹은 마이카, 옥사이드와 같은 화장품 색소로 다양하게 활용해보자.
2. 구연산을 믹서기에 갈아서 사용하면 더욱 매끄러운 표면 표현이 가능하다.
3. 시중에서 쉽게 구입 가능한 크기와 모양이 각각 다른 아크릴 몰드를 사용해보자.

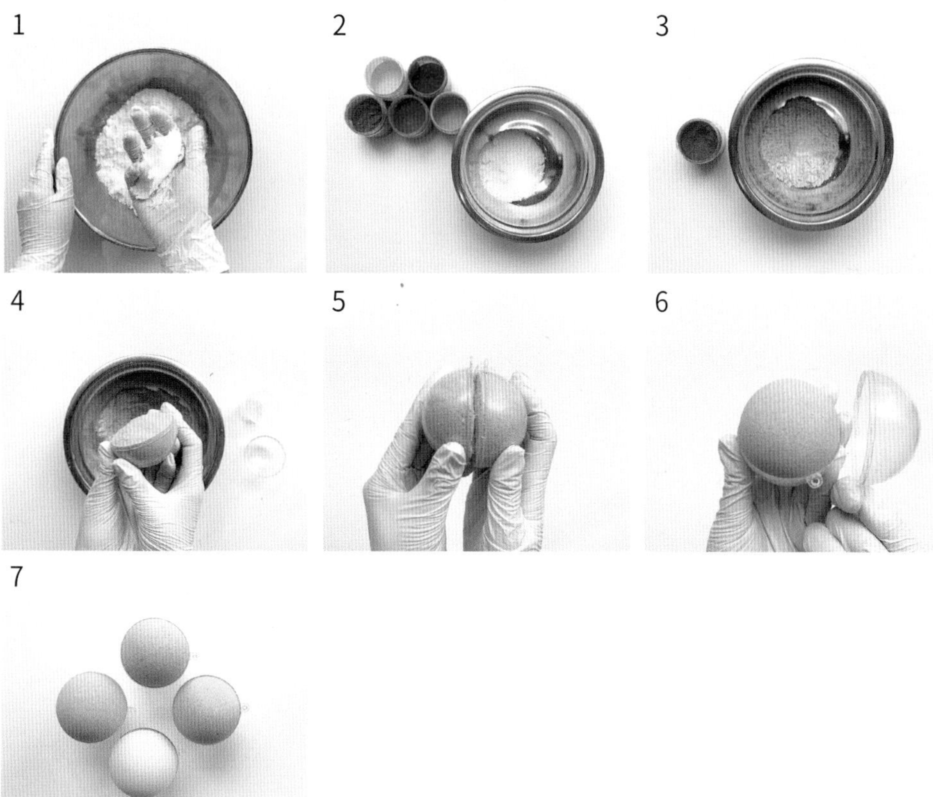

THANK YOU
THANK YOU

디자인 버블바 제작 레시피

(버블바 반죽법 참고 p.113)

가루재료	용량	액체 재료	용량
베이킹소다	250g	LAPB	45g
혼합산	100g	베이스 오일	18g
옥수수전분	25g	에센셜 오일	3~5g
SLSA	50g	–	

Tool 스테인리스 볼, 저울, 유리비커, 쿠키커터, 조각칼, 칼, 틀, 헤라

Material 베이킹소다 250g, 혼합산 100g, SLSA 50g, 옥수수 전분 25g, 코코베타인 45g, 스윗 아몬드 오일 10g, 마카다미아넛 오일 8g, 에센셜 오일 5g(혹은, 프래그런스 오일 5g)

Point

버블바는 단단한 고체 제형으로 제작 후 하루 정도 완전히 굳힌 후 습기가 없는 서늘하고 건조한 곳에 보관 및 사용한다. 사용 시 샤워기 수압으로 녹여 사용한다.(1회 사용 성인기준 : 70~150g)

캔디 써클 버블바

쫀쫀한 반죽에 좋아하는 색을 추가하여 동글동글 캔디 써클 버블바를 만들어보자. 캔디 써클 버블바는 누구나 쉽게 만들 수 있는 기본 디자인으로, 장식 없이 동그란 그 자체만으로 귀엽고 사랑스럽다.

How to make

1. 반죽을 소분한다.(써클 1개 기준 20~30g)

2. 조색한다.(수용성색소 - 노랑)

3. 색이 골고루 섞이도록 잘 반죽한다. 양이 많을 때는 손바닥으로 반죽한다.

4. 원하는 다른 컬러로 조색한다.(마이카 파우더 - 핑크)

5. 파우더 타입 컬러는 더욱 신경 써서 반죽한다.

6. 먼저 반죽한 노랑을 동그랗게 만든다.

7. 동그랗게 돌리면서 납작하게 만든다.

8. 완성 후 그대로 내려놓고 굳힌다.

9. 미리 만든 핑크를 촉촉하게 반죽한다.

10. 5, 6번과 같은 방법으로 동그랗게 만든다.

11. 완성 후 그대로 굳힌다.

Point

1. 반죽 후 바로 조색할 경우 너무 질어 손에 달라붙을 수 있으니 반죽을 잠깐 건조 후 사용하자.

2. 동그랗게 모양을 만들때 바닥에 굴리면 더욱 쉽게 제작 가능하다.

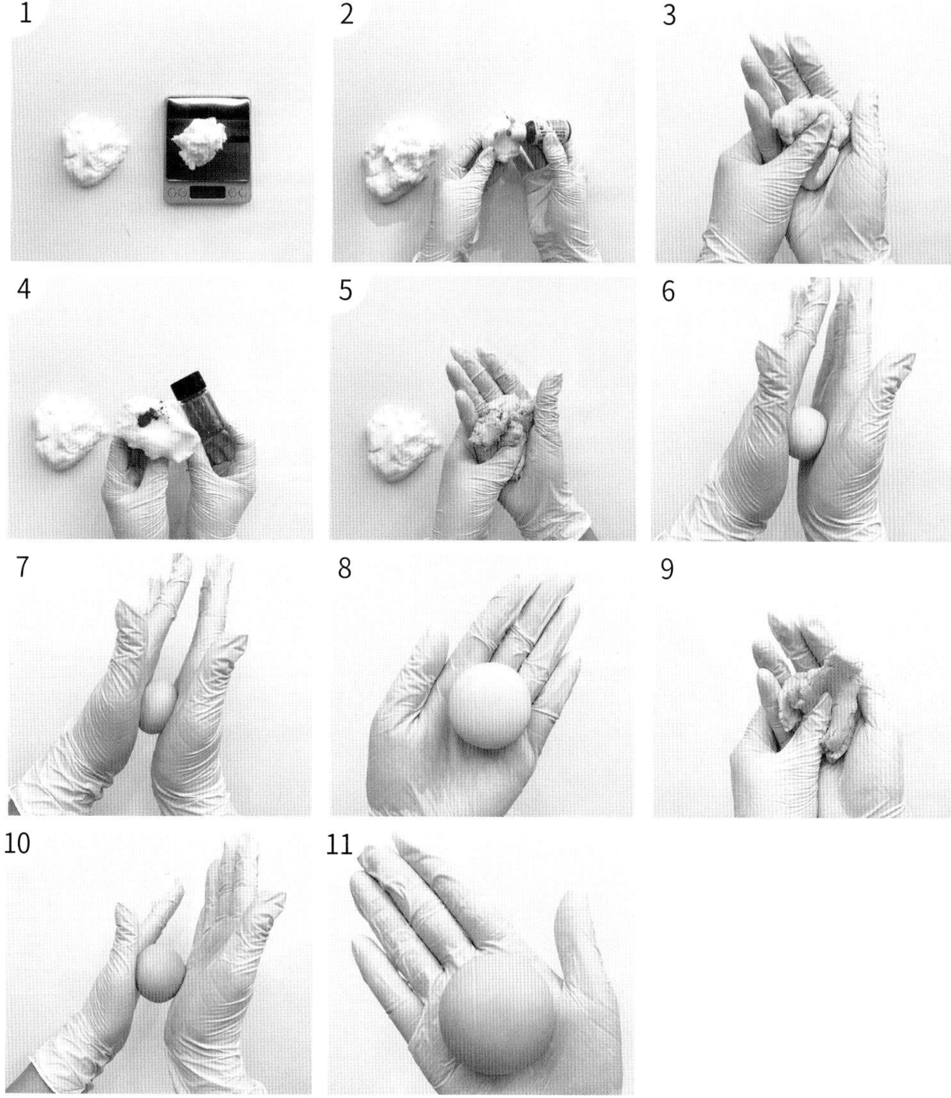
1
2
3
4
5
6
7
8
9
10
11

뚱카롱 버블바

대중적으로도 사랑받는 대표 디저트 마카롱을 버블바로 표현해볼까? 동글납작한 꼬끄 안에 터질 듯 말 듯 통통하게 꼬끄를 넣고, 아기자기한 장식까지 올려주면 보기만 해도 달콤한 뚱카롱 버블바 완성! 꼬끄나 필링 부분의 조색 및 장식에 따라 다양한 마카롱을 제작할 수 있다.

뚱카롱 버블바 용량: 꼬끄 25g × 2, 필링 28g / total: 78g each

How to make

1. 반죽을 소분한다. 꼬끄 25g × 2, 필링 28g

2. 꼬끄 두 개 50g을 조색한다.(카카오 분말)

3. 천연 분말이 뭉쳐진 곳 없이 잘 반죽한다.

4. 필링 28g을 조색한다.(수용성색소 – 노랑)

5. 꼬끄 50g을 25g씩 두 개로 나눈다.

6. 꼬끄를 납작한 동그라미로 빚어준다.

7. (p.162 캔디 써클 버블바 제작 참고)

8. 같은 방법으로 꼬끄 두 개를 완성한다.

9. 필링 28g도 7번과 같이 완성한다.

10. 필링을 꼬끄 사이에 넣고 살짝 눌러준다.

11. 조각칼들을 사용해 마카롱 옆면 디테일을 표현한다.

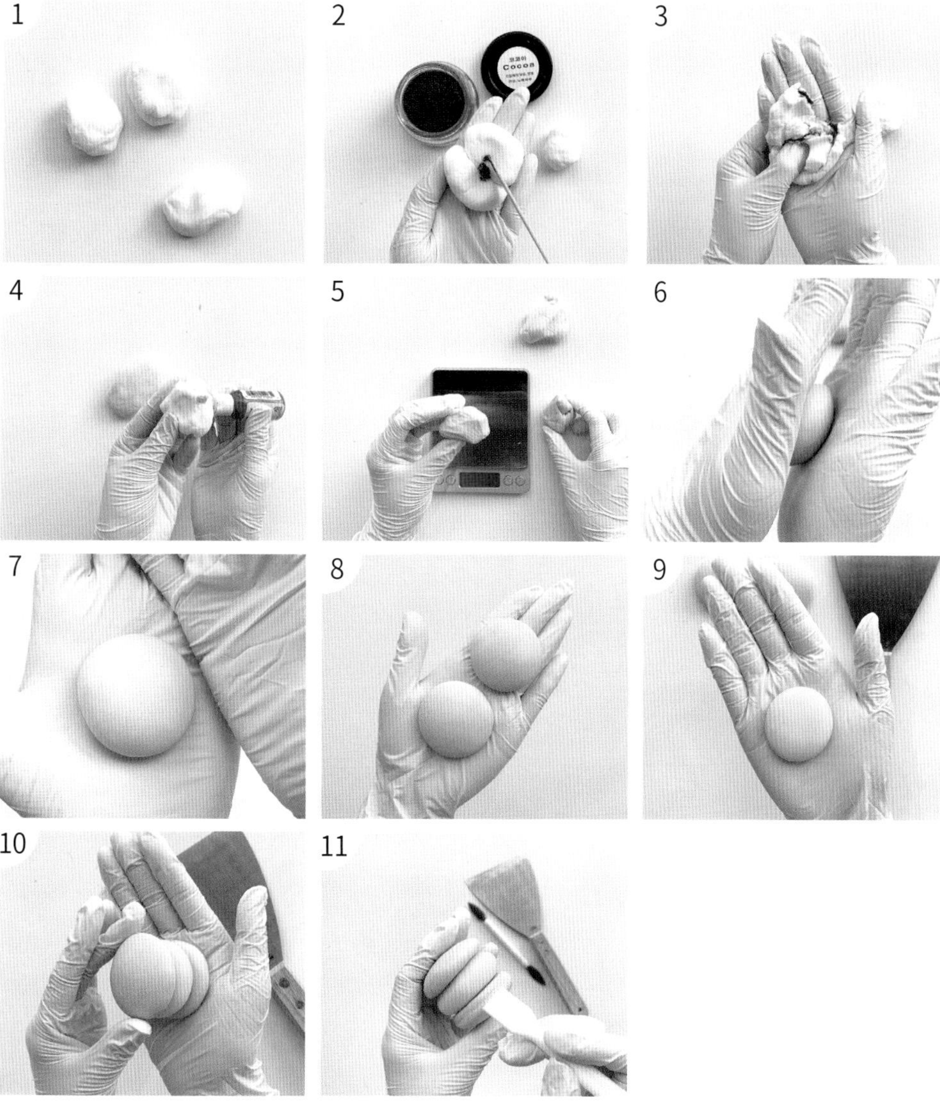
1
2
Cocoa
3
4
5
6
7
8
9
10
11

Tip ___ 데코 장식 디테일

1
반죽을 납작하게 만든다.

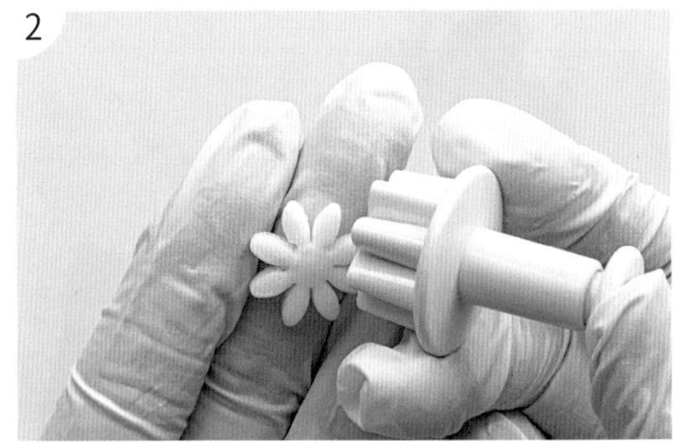
2
쿠키커터로 찍고 푸셔로 눌러 빼낸다.

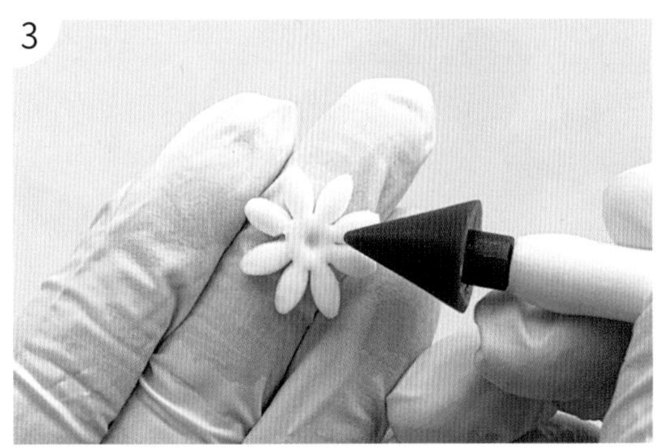
3
꽃 중앙에 조각칼을 사용하여 구멍을 낸다.

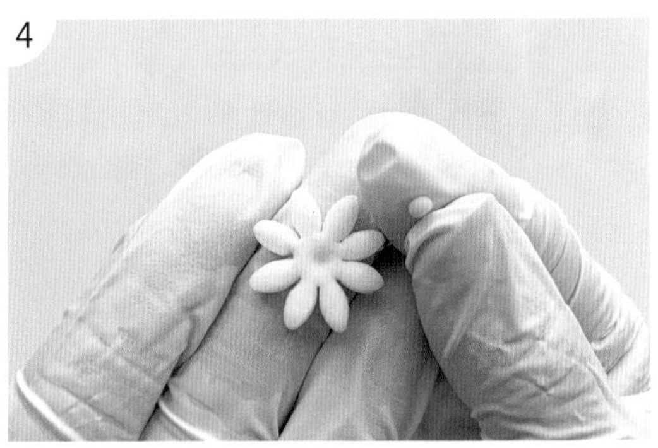
4
구멍 크기만큼의 반죽을 원하는 색으로 조색한다.

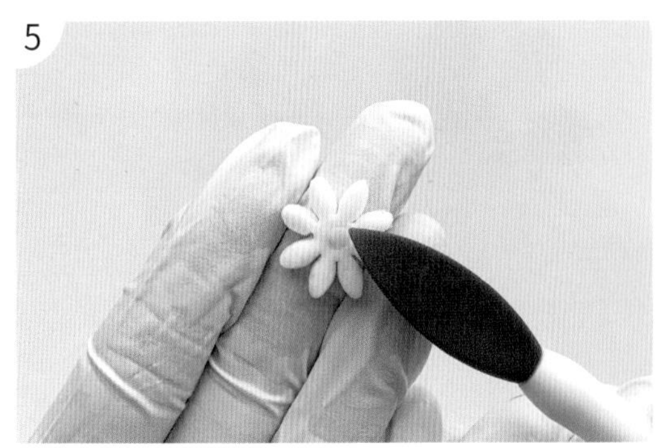
5
구멍 안에 쏙 넣고 조각칼로 눌러준다.

6
완성된 장식을 마카롱에 붙여준다.

Tip ___ 데코 장식 디테일

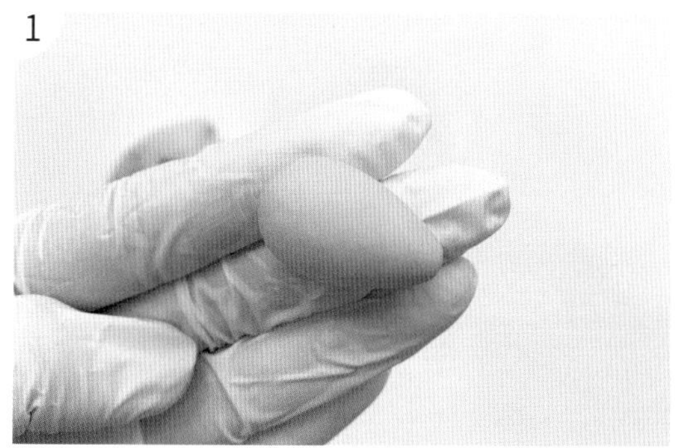

당근 모양으로 바디를 만든다.
(수용성색소- 노랑)

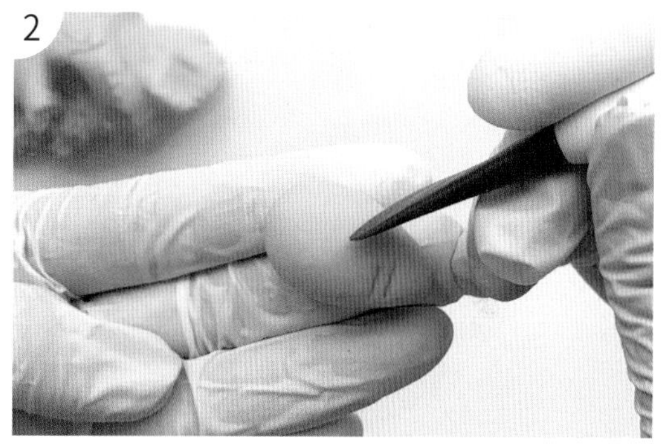

조각칼로 당근의 디테일을 표현한다.

당근의 꼭지 부분을 조색한다.

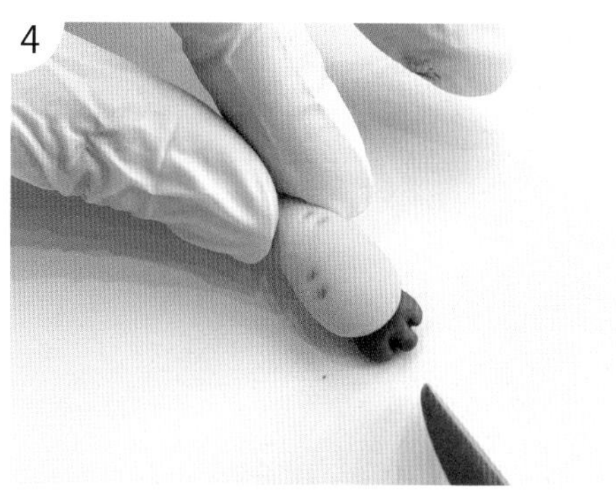

당근 바디를 꼭지에 붙인 후 모양을 조각칼로 모양을 낸다.

20분 정도 건조시킨다.

뚱카롱에 올린 후 살짝 눌러 고정한다.

도넛 버블바

파스텔톤의 색감의 도넛 위에 뽀얀 크림을 올린 사랑스러운 디자인의 도넛 버블바. 알록달록 스프링클까지 올려주면 상큼하고 화사한 색감의 도넛 버블바가 완성된다. 생각보다 쉽고 간단하게 만들 수 있어, 아이들과 함께 도전해보는 것도 추천한다. 단, 아무리 먹음직스러워도 절대 먹어서는 안 된다.

도넛 버블바 용량: 바디 70g , 크림 15g / total: 85g each

How to make

1. 반죽을 소분한다.(바디 70g, 크림 15g)
2. 바디를 조색한다.(수용성색소 – 연두)
3. 써클을 만든다.(p.162 캔디 써클 참고)
4. 모양이 완성되면 잠깐 건조시킨다.
5. 크림 부분을 반죽 후 밀대로 밀어준다.
6. 별 쿠키커터로 눌러 컷팅한다.
7. 헤라를 사용해 조심히 떼어낸다.
8. 도넛 바디에 올려 붙여준다.
9. 미니 원형 쿠키커터를 돌려가며 눌러준다.
10. 파낸 원형 부분을 조각칼을 사용해 깨끗하게 정리해준다.
11. 스프링클을 올려 데코한다.(맨손으로 작업 시 더 잘 붙는다)

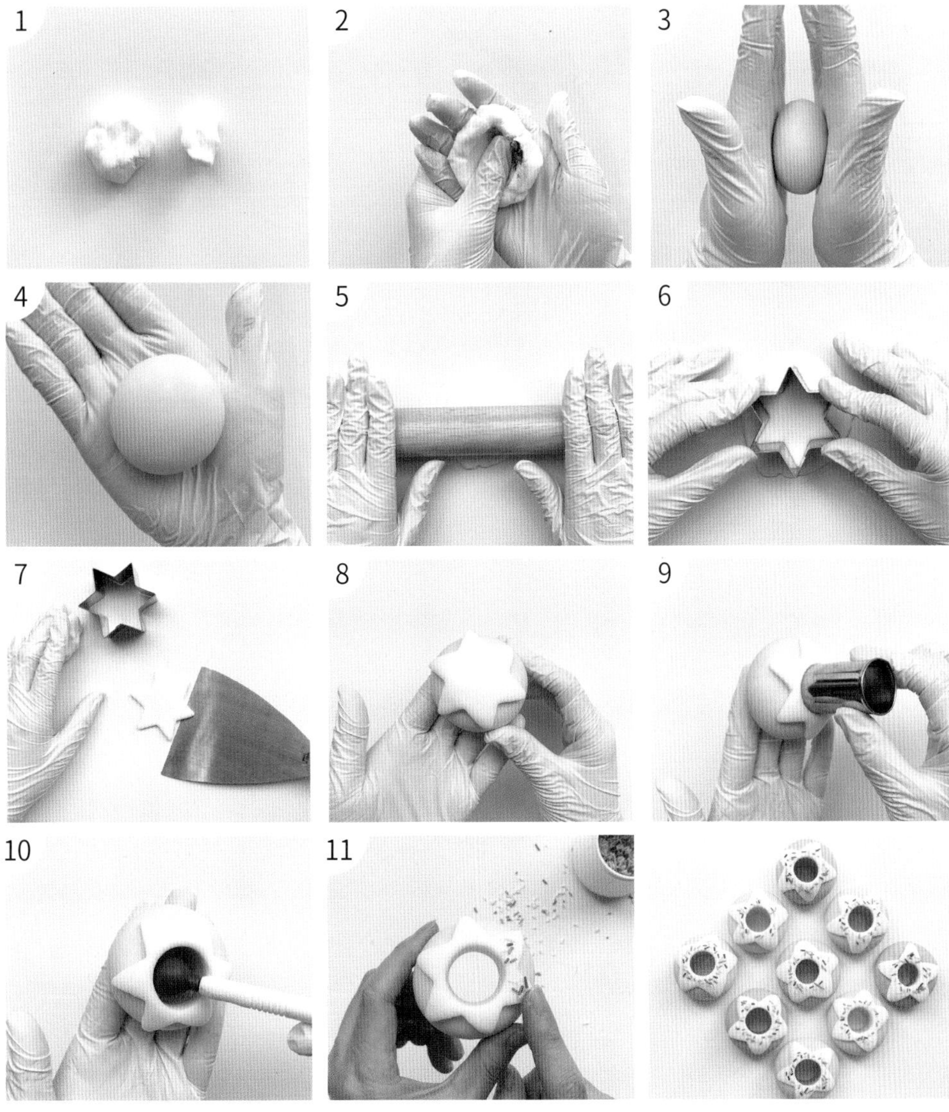
1
2
3
4
5
6
7
8
9
10
11

롤리팝 버블바

어린 시절 놀이동산에서 항상 먹던 귀여운 롤리팝을 버블바로 만들어보자. 버블바 반죽을 2~3가지 색으로 조색한 후, 각각의 색 기둥을 빙글빙글 말아준 캔디 부분에 스트로우를 꽂아주기만 하면 간단하게 만들 수 있다. 스트로우에 어울리는 색감의 리본까지 묶어주면 더욱 그럴싸한 롤리팝 버블바가 완성된다.

롤리팝 버블바 총량: 90g(컬러 각 30g × 3)

How to make

1. 반죽을 소분한다.(30g × 3)

2. 원하는 색으로 조색한다.(마이카 사용)

3. 조색이 끝나면 한 컬러씩 손바닥으로 밀면서 길게 늘인다.

4. 세 컬러를 겹치게 꼬아주고, 3번과 같은 방법으로 길게 늘려준다.

5. 맨 끝부터 돌돌 말아준다.

6. 마지막 부분을 꾹 눌러 붙여준다.

7. 아랫부분을 헤라로 잘라 깔끔하게 컷팅 후 다듬어준다.

8. 갈라지는 부분은 조각칼로 정리해준다.

9. 스트로우를 조심히 꽂아준다.

10. 하루 정도 완전 건조 후 사용한다.

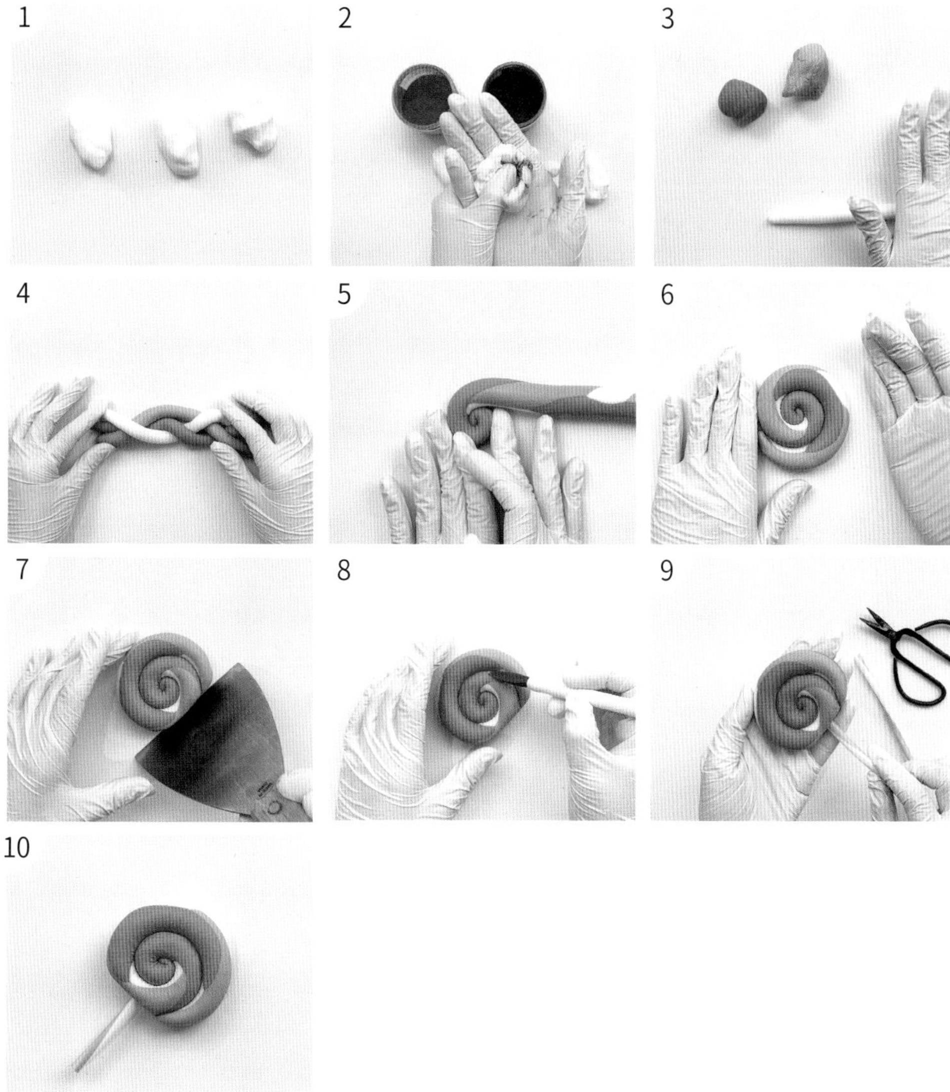
1
2
3
4
5
6
7
8
9
10

캐릭터 버블바

캐릭터 버블바는 생동감 있는 표정이 생명이다. 동글납작한 눈동자, 가늘고 긴 눈썹과 입을 만들어 붙이는 것에 익숙해지면 더 다양하고 세밀한 캐릭터의 표정까지 도전할 수 있다. 조각칼과 도구를 활용해 버블바를 자르거나 모양을 내는 스킬을 익혀보자.

캐릭터 버블바 총량: 얼굴 70g , 눈코입 데코 15g

How to make

1. 반죽을 소분한다. 총량: 85g(얼굴 70g, 눈코입 15g 넉넉하게)
2. 70g으로 써클을 만든다.(캔디 써클 버블바 제작 참고)
3. 속눈썹과 눈동자 표현을 위해 조색한다.(숯-블랙)
4. 나머지는 볼 터치 조색과 눈을 나눈다.(따로 계량하지 않고 넉넉하게 반죽한다)
5. 둥근 도구를 사용해 눈 부분을 눌러준다.
6. 손가락으로 얇게 밀어 눈썹을 만든다.
7. 조각칼을 사용에 눈썹 길이만큼 잘라 원하는 눈썹 위치에 붙여준다.
8. 눈썹이 완성되면 눈 부분에 눈 크기만큼 동그랗게 만들어 올려놓고 손가락으로 살짝 눌러 붙여준다.
9. 눈의 눈동자 표현을 위해 둥근 도구를 사용해 눌러 위치를 잡는다.
10. 9번에 제작순서 8번과 같은 방법으로 검정 눈동자를 만들어 올려 붙이고, 뾰족한 도구를 사용해 눌러가며 입술이 들어갈 자리를 만든다.
11. 속눈썹 제작과 동일한 방법으로 얇게 라인을 만들어 입술 자리에 넣어 눌러준다.
12. 눈 부분과 마찬가지로 둥근 도구를 사용해 볼 터치가 들어갈 부분을 눌러준다.
13. 핑크색 볼 터치를 동그랗게 만들어 넣어 디테일을 표현해준다.
14. 사랑스러운 반짝이는 눈망울 표현을 위해 뾰족한 도구로 꾹 눌러준다.
15. 소량의 흰색 반죽을 동그랗게 만들어 집어넣고 도구를 사용해 눌러 준다.

Point

같은 제작 방법으로 다양한 캐릭터 및 표정을 만들어보자.

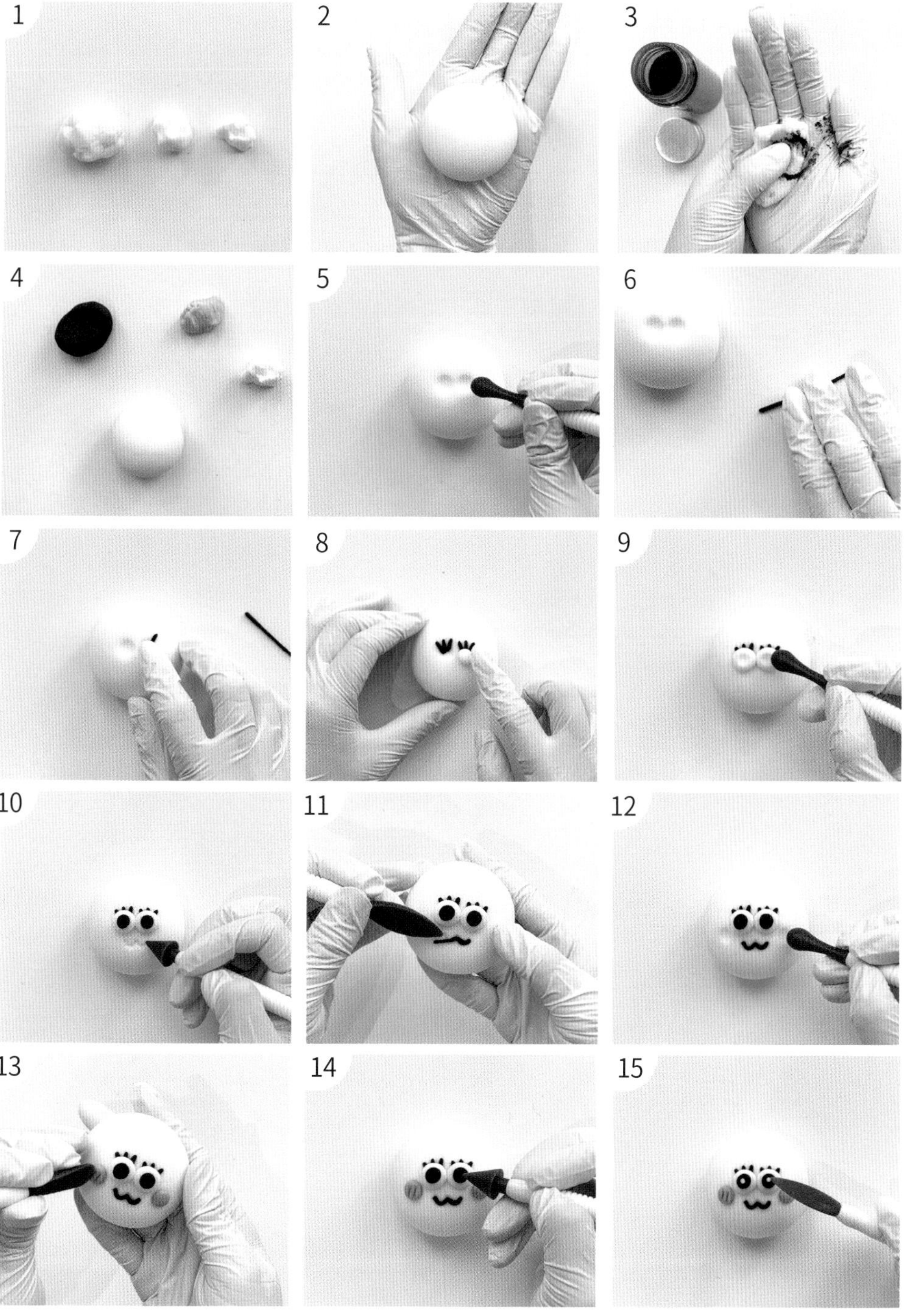
1
2
3
4
5
6
7
8
9
10
11
12
13
14
15

롤케이크 버블바

폭신한 케이크 시트의 질감이 그대로 살아있는 롤케이크 버블바. 직사각형의 납작한 케이크 시트 부분을 차곡차곡 쌓아 올리고 동글동글 말아주면 폭신폭신 부드러운 롤케이크 디자인의 버블바가 완성된다. 어떤 색을 사용하느냐에 따라 초코, 딸기, 녹차 등 다양한 맛의 롤케이크를 표현할 수 있다.

롤케이크 버블바 총량: 300g(100g × 3)

How to make

1. 반죽을 소분한다. 총량: 300g(100g × 3)

2. 원하는 색으로 조색한다.(마이카분말색소 혹은 수용성색소)

3. 밀대를 사용해 직사각형 크기로 밀어준다.

4. 순서대로 쌓아 올린다.

5. 시작 부분을 대각선으로 컷팅한다.

6. 시작 부분부터 동그랗게 말아준다.(김밥 말듯이)

7. 안쪽에서 바깥쪽 방향으로 살살 쓸어가며 정리해준다.

8. 원하는 크기로 컷팅한다.

9. 주변을 깨끗하게 다듬어준다.

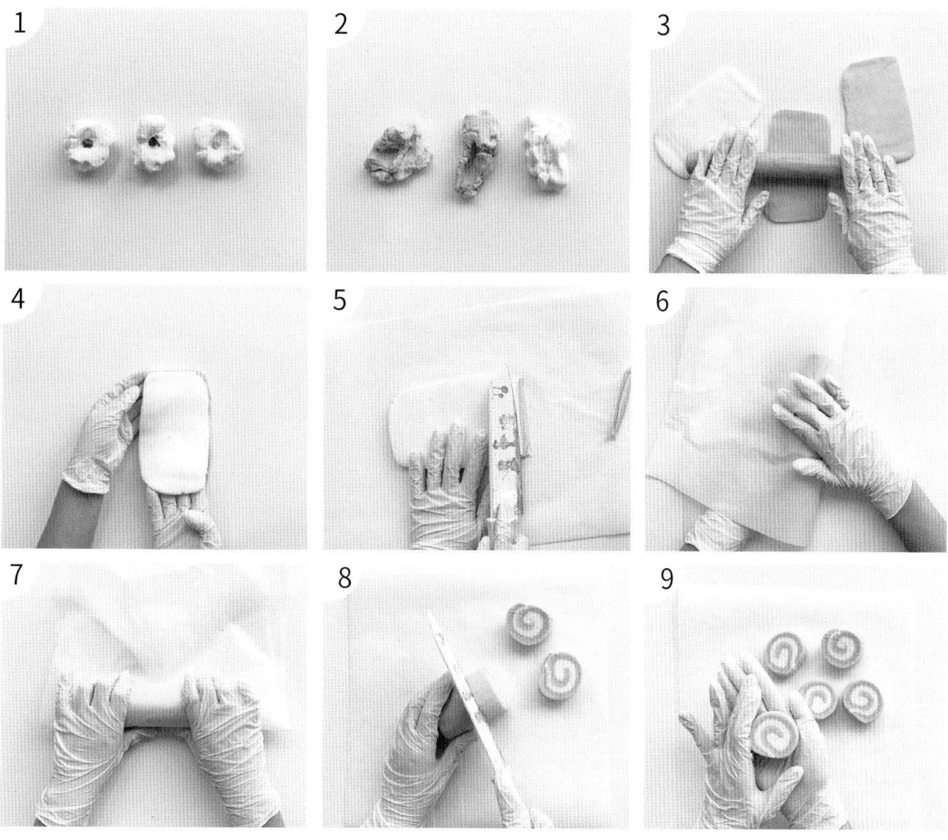
1
2
3
4
5
6
7
8
9

아이스 스틱 버블바

한여름 무더위에 아이스스틱 버블바는 어떨까? 보습에 좋은 카카오 분말을 사용해 자연스럽게 브라운 색상을 표현하고, 아이스바 위에 크림과 스프링클을 올려 깜찍하게 장식한 후, 마지막으로 우드스틱만 꽂아주면 손쉽게 완성. 입욕도 시원하게 즐겨보자!

아이스 스틱 버블바 총량: 개당 80g(바디 70g, 크림 10g)

How to make

1. 반죽을 소분한다. 총량: 개당 80g × 2(아이스 바디 70g × 2, 크림 10g × 2)

2. 조색한다.(코코아 분말) 코코아 분말 140g, 화이트 20g

3. 두 개 제작을 위해 반씩 나눠준다.

4. 아이스 바디를 만든다.(캔디 써클 버블바 참고)

5. 헤라와 손바닥 옆면을 사용해 라운드형 직사각 바디를 제작한다.

6. 4, 5번과 같은 방법으로 나머지 한 개도 제작한다.

7. 크림을 쫀쫀하게 반죽한 후 밀대로 민다.

8. 조각칼을 사용해 크림 모양을 디자인한다.

9. 완성된 크림을 깨끗하게 다듬어준다.

10. 크림을 헤라로 조심히 긁어내어 아이스 바디 위에 올려붙인다.

11. 나무스틱을 꾹 눌러 조심히 집어넣는다.

12. 스프링클로 원하는 부분에 데코 한다.

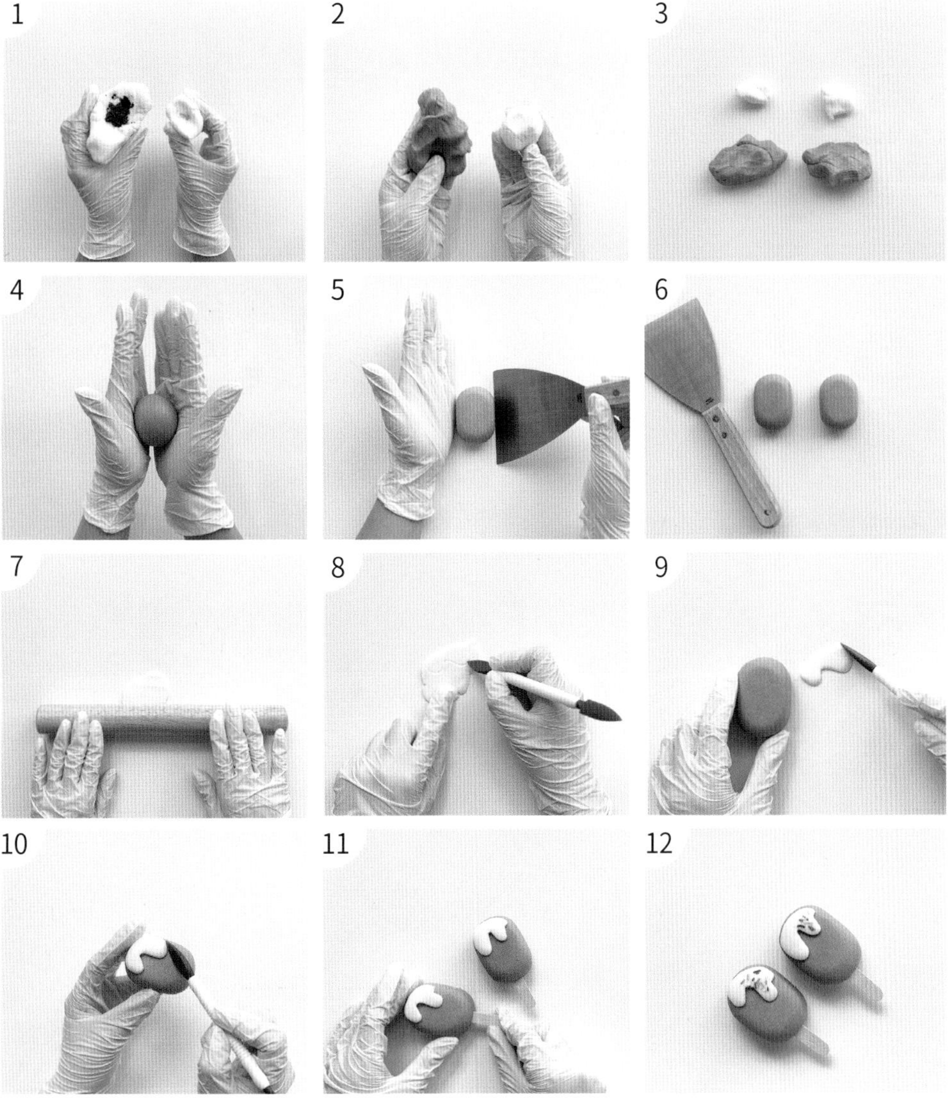

디자인 케이크 버블바

폭신한 케이크 시트를 층층이 쌓아 올린 후 크림버블로 감싼 케이크 버블바에 미니당근과 꽃 장식으로 상큼하게 장식해본다. 케이크 버블바는 홀케이크 그 자체로도 예쁘지만, 반듯하게 조각내어 잘라보면 더욱 먹음직스럽고 실감나는 질감을 느낄 수 있다. 이번 생일은 다이어트 걱정 없는 케이크 버블바가 어떨까?

디자인 케이크 버블바 총량 : 750g(층 바디 550g, 옆면 100g, 데코 100g)

How to make

1. 반죽을 소분 후 케이크 바디를 조색한다.(화이트 200g, 브라운 150, 노랑 200g)
2. 1번 이미지 왼쪽부터 쫀쫀하게 반죽한 후 밀대로 밀어 원형으로 만든다.
3. 케이크 무스링을 원형 반죽 위에 올려놓고 케이크 사이즈를 정한다.
4. 1번 이미지 순서대로 층층이 쌓아 올린다.(쌓아 올릴 때 동일한 크기와 넓이로)
5. 옆면 100g을 쫀쫀하게 반죽한 후 길게 늘어뜨린 다음 밀대로 밀어준다.
6. 케이크 둘레 사이즈정도의 길이로 만든 후 주변을 깨끗이 잘라내고 다듬는다.
7. 완성된 옆면을 케이크 바디에 왼손바닥으로 눌러 돌려가며 붙여준다.
8. 위에 올라온 옆면은 가위로 잘라준다.(케이크 바디 높이와 동일하게)
9. 옆면과 케이크 바디의 경계선을 조각 도구를 사용해 경계선이 없어지도록 긁어준다.
10. 원하는 케이크 조각 개수를 정한 후 칼로 표시를 한다.
11. 케이크 바닥면이 붙지 않게 바닥 끝까지 깨끗하게 컷팅한다.
12. 데코를 만든다.(데코 만들기 참고 p.168)
13. 소량의 버블바 반죽을 세워 붙이거나, 코코아버터를 녹여 식인 후 점성이 생기면 데코에 살짝 묻혀 케이크 바디에 붙인다.(데코 떨어짐을 방지하기 위함)
14. 데코를 올려 붙인다.

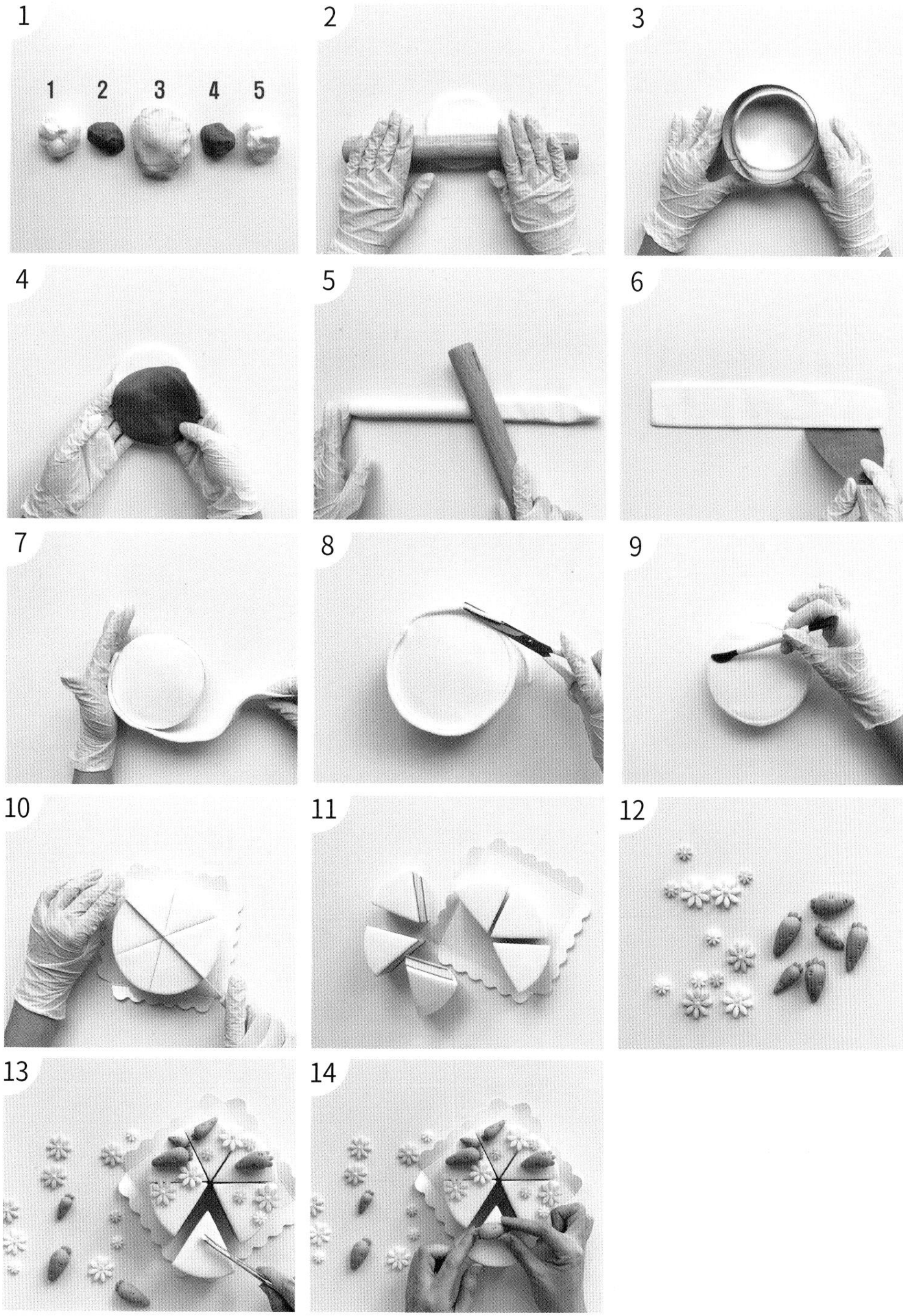
1
2
3
4
5
6
7
8
9
10
11
12
13
14
1 2 3 4 5

Tip ___ 디자인 버블바 응용

1

다양한 쿠키커터를 활용해보자

2

케이크 버블바 제작 기법을 응용한 햄버거

3

마카롱 위에 골드 펄을 표현해보자.
(에탄올에 골드 펄을 섞어 붓으로 칠한다.)

4

아이스크림 스쿱을 활용해보자

5

다양한 얼음 몰드를 활용해보자.

6

컬러 바스붐 위에 버블바로 데코 해보자.
(에탄올을 소량 뿌려 붙인다.)

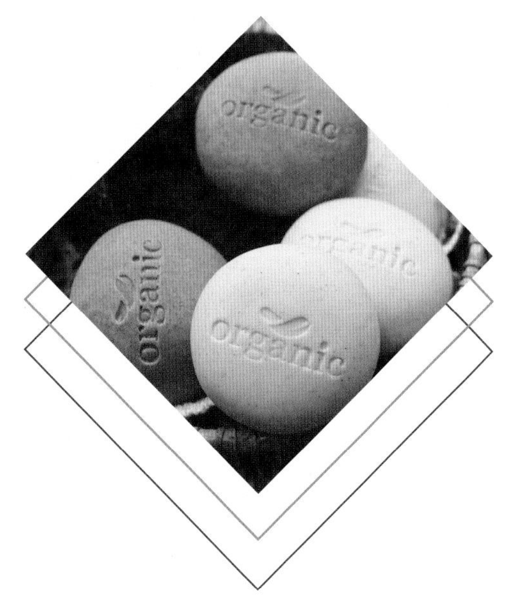

우리 가족 헤어 지킴이

“두피케어 헤어제품”

우리 가족 헤어 지킴이 "두피케어 헤어제품"

Natural Hair Products

“머리카락도 늙는다.”
두피케어가 피부케어의 근본

유전적 요인뿐만 아니라 최근 스트레스성 탈모, 출산 후 탈모, 화학약품을 사용하는 염색과 파마 등 잦은 헤어 시술로 인한 모발의 손상까지 두피 및 모발과 관련된 문제들은 매우 다양하다. 찬바람이 불기 시작하는 환절기에는 유수분 밸런스가 깨지면서 모발 건조함에서 특이성 탈모까지 누구나 한 번쯤은 헤어 트러블을 겪어보았을 것이다.

사실 두피는 사람의 신체 부위 중 자외선이나 외부 환경에 가장 먼저 노출되는 부위로, 열이 오르기 쉬워 땀과 유수분에도 취약할 뿐만 아니라 미세먼지 등이 쌓이면서 가려움과 냄새 등 각종 트러블의 온상이 된다. 특히, 초미세먼지는 머리카락의 30분의 1 정도로 그 입자가 작아 두피에 매우 치명적이다. 피부만큼 두피 세정이 중요한 이유다.

두피 세정 시, 건성이나 민감성 두피를 가진 경우에는 대중적인 알칼리성 제품을 과도하게 사용하다 보면 유 · 수분이 제거되면서 두피와 모발이 더욱 알칼리화가 될 우려가 있기 때문에, 약산성 제품을 사용하여 자극을 줄이고 충분한 수분과 영양을 공급해줄 수 있는 에센스나 트리트먼트 사용을 권장한다. 지성 두피의 경우, 과다 피지와 각질 등이 원인이 되어 비듬, 피부염 등의 트러블이 발생한다. 각종 방부제나 화학성분들이 두피의 피지선을 자극하면 피지 분비를 더욱 증가시킬 수 있기 때문에 적절한 세정을 통해 불필요한 유분과 오염은 제거하되 자극적인 제품은 피해야 한다.

천연샴푸는 일반샴푸와 달리 화학성분이 들어가지 않기 때문에 처음 사용 시 다소 뻣뻣하다고 느끼는 분들이 많지만, 드라이 후 천연제품만이 가진 부드러움과 산뜻한 개운함을 느낄 수 있을 것이다. 두피는 얼굴보다 모공 크기가 크고 개수도 2배 이상이기 때문에 더욱 예민하고 자극도 두 배일 수밖에 없다. 일시적인 치료나 즉각적인 효과만을 쫓기보다는 안전한 천연재료, 자연 유래 추출물, 첨가물 등으로 자극을 최소화하면서 충분한 영양을 공급하는 것이 중요하다.

초보자도 쉽게 만드는
10분 제작 초간단 헤어제품 만들기

건강한 약초 성분들을 가득 담은 한방샴푸, 에스피노질리아 허브를 이용한 천연 탈모샴푸, 나만의 향기를 담은 퍼퓸샴푸, 멘톨 성분으로 쿨링감 가득한 스포츠 전용 쿨링샴푸, 기름지고 가려운 두피에 탁월한 천연 커디셔닝 샴푸 비네거 린스, 100% 버터를 듬뿍 담은 컨디셔너밤과 제로웨이스트 올인원바, 샴푸바, 헤어 에센스까지 자연 유래 추출물 및 첨가물을 사용하여 건강한 헤어제품을 직접 만들어보자.

두피부터 건강하게 **한방샴푸**

한방샴푸는 두피가 먹는 보약이라고 해도 과언이 아니다. 건강한 한방 재료들 중 가장 널리 쓰이는 하수오, 어성초, 감초 등을 활용하여 나만의 한방샴푸를 직접 만들어보자. 미국 환경단체 EWG(The Environment Working Group) 평가 1등급을 부여받은 하수오는 어찌하(何), 머리수(首), 까마귀오(烏)의 '어찌하여 머리가 까마귀처럼 검은가'라는 뜻으로, 머리를 검게 해주는 재료로 널리 알려진 덩이뿌리다. 어성초 역시 EWG 1등급 약초로, 독을 풀어주고 열을 내려주는 효과가 있기 때문에 두피의 트러블이나 염증을 가라앉혀 탈모를 예방하는 데 탁월한 효능이 있다. 마지막 '약방에 감초'라는 말도 있듯, 감초는 대다수 한방제품에 빠지지 않는 재료다. 감초는 글리시리진, 리퀴리티게닌, 사포닌 등의 기능성분을 함유하여, 해독효과, 항산화 작용, 각종 피부질환 억제에 효능이 있다.

Tool　유리비커, 저울, 온도계, 주걱, 핫플레이트, 용기

Material　총량: 300ml

정제수 50g, 어성초 추출물 30g, 감초 추출물 25g, 하수오 추출물 25g, 헤나 추출물 25g, 글루카메이트 10g(폴리쿼터 1g 대체 가능), 코코베타인 70g, 애플워시 50g, 히알루론산 5g, 실크아미노산 5g, 케라틴 3g, 캐모마일 에센셜 오일 20 drop(로즈마리, 라벤더 대체 가능)

SHAMPOO
HANDMADE
SHAMPOO
HANDMADE

How to make

만들기 전 모든 공병과 도구를 에탄올로 소독한다.

1. 정제수와 모든 추출물을 유리비커에 계량한다.
2. 글루카메이트를 계량하여 넣어준다.(폴리쿼터 1g으로 대체 가능)
3. 핫플레이트에 올려 녹인다.(50~60도 정도)
4. 글루카메이트가 완전히 녹고 점성이 생기면, 코코베타인과 애플워시를 넣고 잘 섞어준다.
5. 히알루론산, 실크 아미노산, 케라틴을 각각 넣어가며 저어준다.
6. 에센셜 오일을 넣고 잘 섞어준다.
7. 미리 소독해놓은 공병에 담아 사용한다.(사용기한: 1개월)
8. 다양한 디자인의 샴푸 라벨도 시중에서 쉽게 구매 가능하다.

Point

코코베타인 70g, 애플워시 50g 대신 코코베타인 80g, 라우릴글루코사이드 40g으로 대체 가능하다(어느 정도의 점성을 위해 사용되는 글루카메이트 혹은 폴리쿼터를 넣지 않고도 점도를 낼 수 있다). 단, 라우릴글루코사이드로 인하여 pH가 높아지기 때문에 구연산용액(정제수8:구연산2) 1g을 추가로 넣어준다.

SHAMPOO

풍성한 헤어를 책임져 **탈모샴푸**

더 이상 탈모는 중년 남성들만의 고민이 아니다. 최근 스트레스 과다, 수면부족, 화학성분의 헤어제품 사용 등 부적절한 생활습관들에 의해 성별과 연령에 관계없이 탈모로 고민하는 사람들이 급격이 늘어나고 있다. 탈모로 고민하는 사람일수록 계면활성제 등 화학성분은 독이 될 수 있기 때문에 천연성분의 헤어제품 사용을 추천한다. 그중, 고대 아즈텍 문명 때부터 인디언들의 탈모와 두피 개선을 위해 사용되어온 에스피노질리아를 사용해 탈모샴푸를 만들어보자. 에스피노질리아는 멕시코 지역을 중심으로 자생하는 천연 허브로 비타민나무라고도 불리며, 특히 세정효과 및 탈모증세에 대한 치료효과를 FDA에서 인정받았다. 여기에 모발을 위한 나무 열매라 불리는 시카카이 추출물과 아사론 성분이 함유되어있는 창포 추출물까지 더한다면 손색없는 천연 탈모샴푸가 완성된다.

Tool　유리비커, 저울, 온도계, 주걱, 핫플레이트, 용기300ml

Material　총량: 300ml
정제수 80g, 에스피노질리아 추출물 30g, 창포 추출물 20g, 시카카이 추출물 20g, 글루카메이트 10g(폴리쿼터 1g 대체 가능), 코코베타인 60g, 애플워시 60g, 글리세린 7g, 쿠퍼팹타이드 5g, D-판테놀5, 로즈마리 에센셜 오일 20 drop,

Shampoo
Shampoo

How to make

만들기 전 모든 공병과 도구를 에탄올로 소독한다.

1. 정제수를 유리비커에 계량한다.
2. 모든 추출물을 넣고 잘 저어준다.
3. 글루카메이트를 넣고, 핫플레이트에 올려 녹인다.
4. 글루카메이트가 완전히 녹고 점성이 생기면, 코코베타인과 애플워시를 넣고 잘 섞어준다.
5. 히알루론산, 실크 아미노산, 케라틴을 각각 넣어가며 저어준다.
6. 에센셜 오일을 넣고 잘 섞어준다.
7. 미리 소독해놓은 공병에 담아 사용한다.(사용기한: 1개월)

Point

코코베타인 60g, 애플워시 60g 대신 코코베타인 70g, 라우릴글루코사이드 50g으로 대체 가능하다(어느 정도의 점성을 위해 사용되는 글루카메이트 혹은 폴리쿼터를 넣지 않고도 점도를 낼 수 있다). 단, 라우릴글루코사이드로 인하여 pH가 높아지기 때문에 구연산용액(정제수8:구연산2) 1g을 추가로 넣어준다.

스치기만 해도 향기로 반하다 퍼퓸드 샴푸

"눈에 보이지 않으면서도 타인에게 강한 인상을 남기는 최고의 액세서리는 향수다" 세계적인 디자이너 가브리엘 샤넬의 말처럼, 향기는 나를 정의하는 또 다른 요소가 된다. 각기 다른 일상에서 나만의 매력과 향기로 누군가에게 특별한 기억으로 남고 싶은 당신이라면, 퍼퓸드 샴푸를 추천한다. 그중, 은은한 여성미를 가득 머금은 라일락향, 사랑스럽고 포근한 피치향, 따스한 파우더향을 더한 나만의 퍼퓸드 샴푸를 만들어보자. 주변 사람들은 당신을 좋은 향기로 기억 할 것이다.(탈모샴푸와 제작방법 동일)

Tool 유리비커, 저울, 온도계, 주걱, 핫플레이트, 용기 300ml

Material 총량: 300ml(사용기한: 1~2개월)
자스민 워터 80g, 정제수 50g, 창포 추출물 20g, 하수오 추출물 10g, 글루카메이트 7g(폴리쿼터 1g 대체 가능), 올리브 계면활성제 50g, 코코베타인 60g, 실크 아미노산 6g, 엘라스틴 4g, 글리세린 4g, 라일락 & 화이트 머스크 프래그런스 오일 1g, 피치 프래그런스 오일 1g

How to make (탈모샴푸와 제작방법 동일)

1. 쟈스민워터, 정제수, 창포 및 하수오 추출물과 글루카메이트 혹은 폴리쿼터를 계량한 후 핫플레이트에 올려 점성이 생길 때까지 녹인다.

   tip 올리브 계면활성제 50g, 코코베타인 60g 대신 코코베타인 70g, 라우릴글루코사이드 40g으로 대체 가능하다(어느 정도 점성을 위해 사용되는 글루카메이트 혹은 폴리쿼터를 넣지 않고도 점도를 낼 수 있다). 단, 라우릴글루코사이드로 인하여 pH가 높아지기 때문에 구연산용액(정제수8:구연산2) 1g을 추가로 넣어준다.

2. 점성이 생기면 유리막대로 저어주면서 점성이 더 생길 때까지 식힌다.
3. 2번 비커에 올리브계면활성제와 코코베타인을 넣고 잘 저어준 후 첨가물인 실크아미노산, 엘라스틴, 글리세린을 순서대로 각각 넣어가며 잘 섞어준다.
4. 프래그런스 오일을 넣고 잘 섞은 후 미리 소독해놓은 공병에 담아 사용한다.(사용기한: 1개월)

Point 자스민 워터는 플로럴 워터로 에센셜 오일을 추출하는 과정에서 나오는 공동 부산물이다. 플로럴 워터는 그 식물의 꽃, 잎, 열매 뿌리 등의 증류 과정에서 나오는 수용성 성분으로 자체 특유의 에센셜 향 성분의 일부가 함유되어있다. 민감한 피부나 아토피 피부를 위해서 캐모마일 워터 혹은 라벤더 워터를 추천한다. 로즈마리 워터는 노폐물 제거에 탁월하여 두피 관리에도 좋으며, 그밖에 로즈워터, 네롤리 워터, 티트리 워터 등 다양한 플로럴 워터로 대체하여 나만의 힐링 퍼퓸드 샴푸를 제작해보자.

머릿속까지 시원하고 개운한 스포츠 쿨링 샴푸

등산, 축구, 수영, 테니스, 골프 등 격렬한 운동 후 청량감을 선사하는 스포츠 쿨링 샴푸를 만들어보자. 두피진정 및 두피 장벽 강화에 도움이 되는 로즈마리와 녹차 추출물 등 식물성 추출물, 가려움증에 탁월하며 두피의 열을 식히는 데 시원한 멘톨 성분, 컬러감까지 청량감을 부여하는 청대 분말, 저자극 천연 유래 계면활성제로 풍부한 거품까지 지친 두피에 활력을 더해줄 것이다.

Tool 유리비커, 저울, 온도계, 주걱, 핫플레이트, 용기 200ml

Material 총량: 200ml

정제수 50g, 로즈마리 워터 30g, 녹차 추출물 15g, 멘톨 1g(정제수 10g), 코코베타인 60g, 애플워시 20g, 글루카메이트 5g(폴리쿼터 1g 대체 가능), 실크 아미노산 3g, D-판테놀 3g, 글리세린 4g, 청대 분말, 페퍼민트 15 drop(티트리 대체 가능)

handmade
멘톨샴푸
Menthol cooling
SHAMPOO

How to make

만들기 전 모든 공병과 도구를 에탄올로 소독한다.

1. 유리비커에 정제수, 로즈마리워터와 창포 추출물, 녹차 추출물을 계량 후 글루카메이트 혹은 폴리쿼터 1g을 넣고 핫플레이트에 올려 점도가 나올 때까지 천천히 저어준다.

2. 정제수 10g에 멘톨 1g을 넣고 저온으로 녹여준다.

3. 멘톨을 녹인 정제수에 청대를 아주 소량 넣고 잘 저어준 후 1번에 부어준다.

   tip 멘톨을 녹인 물이 온기가 있을 때 청대 분말을 소량 첨가하자. 너무 많은 청대 분말을 넣으면 청대만 가라앉는 분리현상이 생긴다.

4. 코코베타인과 애플워시를 계량한 후 넣고 잘 저어준다.

5. 글리세린, 실크아미노산, 판테놀을 각각 넣어가며 잘 저어준다.

6. 페퍼민트 에센셜 오일을 넣고 섞어준다.(티트리 혹은 스피아민트로 대체 가능)

7. 미리 소독해놓은 공병에 담아 사용한다.(사용기한: 1개월)

Point

코코베타인 60g, 애플워시 20g 대신 코코베타인 40g, 라우릴글루코사이드 40g으로 대체 가능하다(어느 정도의 점성을 위해 사용되는 글루카메이트 혹은 폴리쿼터를 넣지 않고도 점도를 낼 수 있다). 단, 라우릴글루코사이드로 인하여 pH가 높아지기 때문에 구연산용액(정제수8:구연산2) 1g을 추가로 넣어준다.

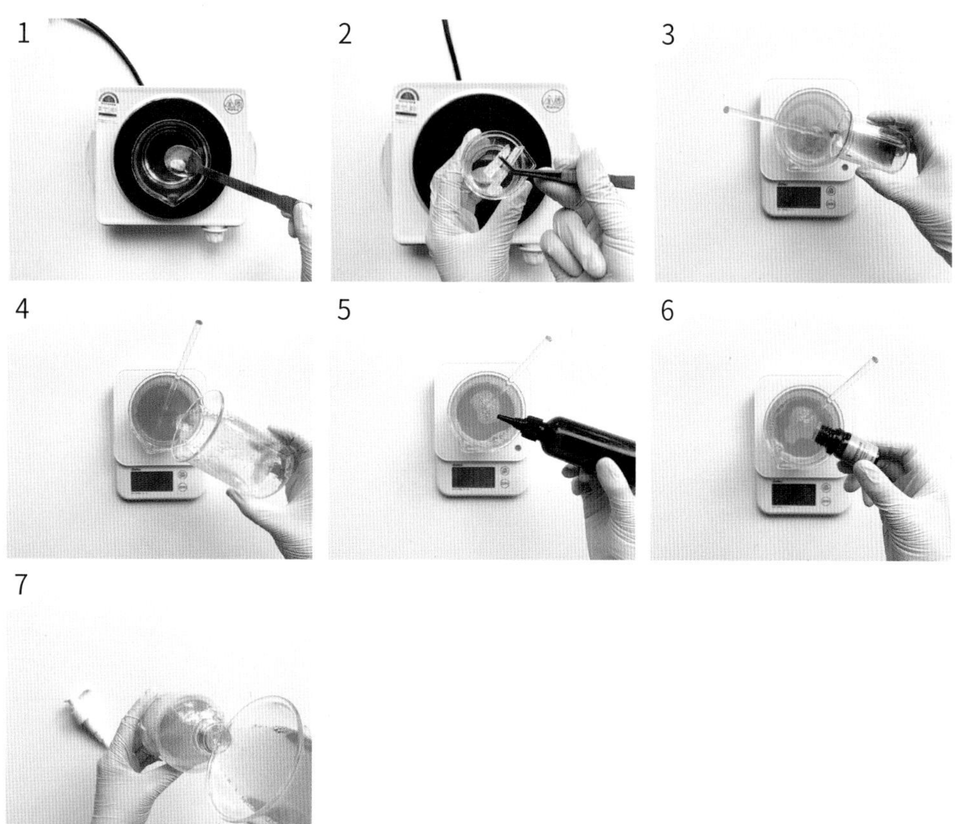

No.1 추천템
동글동글 샴푸바
& 올인원바

개인적으로 내가 가장 좋아하고, 자주 사용하는 필수템이다. 샴푸 비누 제작 시 오일과 가성소다의 교반으로 만드는 전통 비누 제조방식인 CP기법(cold Process)을 사용했지만, 왁스칠한 듯 뻣뻣한 사용감과 부족한 거품, 기름짐 현상이 항상 아쉬웠다. 기존 제조방식의 단점을 보완하고 여기에 보습과 영양, 제작 편의성까지 개선한 제품이 바로 이 동글동글 샴푸바 & 올인원바다. 동글동글 샴푸바 & 올인원바는 자연 유래 원료를 바탕으로 피부 타입별 기능성 첨가물을 추가한 저자극 제품으로, 세정력과 거품력이 우수하며, 보송보송한 머릿결을 경험하게 한다. 특히 우리 가족 두피 건강뿐 아니라, 제로 플라스틱으로 환경건강까지 생각하는 모난 곳 없이 동글동글 착한 제품이다.

주의사항 SCI(신데트 분말) 특성상 분진이 심하게 날릴 수 있으니 제작 시 꼭 마스크와 장갑, 앞치마를 착용한다.

사용기한 보존기간을 늘리기 위한 방부제 및 합성첨가물을 사용하지 않기 때문에, 가급적 빠른 사용을 권장하며, 건조하고 서늘한 곳에 보관한다.(사용기한: 3개월)

샴푸바 & 올인원바 천연 분말 응용

약용, 식용, 미용으로 사용되는 다양한 천연 분말을 피부 타입에 맞게 선택 후 첨가하여 나만의 기능성 제품을 만들어보자. 천연 분말은 다른 인공색소에 비해 인체에 안전하고, 자연스러운 컬러 표현이 가능하다.

천연 분말	기능	컬러
오트밀, 검은콩	높은 보습력, 비타민, 미네랄, 단백질 풍부	미색
파프리카	비타민C 함량이 높고, 미백과 피부 수분 유지	주황
어성초, 감초	항염 및 항균 작용, 염증 완화, 각질과 피지 제거	갈색
편백, 녹차, 클로렐라	항알레르기 작용, 각종 비타민, 미네랄 풍부, 노화 방지	녹색
호박, 치자황	베타카로틴과 비타민 E 풍부, 보습 탁월	노랑

열이 뚝뚝 자극받은 두피를 위한

사철쑥 탈모케어 샴푸바

에스피노질리아와 사철쑥을 사용한 탈모케어 샴푸바를 제작해보자. 흔히 알고 있는 인진쑥은 한겨울 추위에도 죽지 않아 사철쑥으로 불리며, 두피의 열을 내려 민감한 두피를 진정시키는 데 효과가 있다고 알려져 있다. 또한 어성초 추출물과 편백 워터가 두피 정화 및 모근을 튼튼하게 잡아주어 두피 정상화에 도움을 준다. 나는 오늘도 사철 내내 건강한 두피를 꿈꾼다.

Tool	스테인리스 볼, 저울, 유리비커, 유리 막대
Powder Material	SCI(신데트 분말) 135g, 콘스타치 40g, 사철쑥 분말 5g, 녹차 분말 3g
Liquid Material	애플워시 20g, 글리세린 20g, 어성초 추출물 10g, 편백 워터 10g, 달맞이꽃 오일 8g, 카렌듈라인퓨즈드 오일 8g, 실크아미노산 3g, 에스피노질리아 추출물 2g, D-판테놀 2g, 로즈마리 E.O 1~2g

How to make

1. 모든 가루 재료를 스테인리스 볼에 계량하고, 액체 재료는 비커에 계량한다.
2. 가루 재료들을 뭉친 덩어리 없이 잘 섞어주고, 액체 재료는 흔들어서 유화시킨다.
3. 유화시킨 액체 재료를 가루 재료에 붓고 손으로 쥐어짜듯이 모든 재료가 잘 섞일수 있도록 꼼꼼하게 반죽한다.
4. 스테인리스 볼 주변이 깨끗하게 훔칠 수 있고 반죽이 하나로 잘 뭉쳐질 때까지 반죽한다.

   tip 신데트 분말 특성상 매우 빠르게 굳으니 서둘러서 반죽한다.
5. 원하는 모양으로 컷팅하여, 하루 정도 충분히 건조 후 사용한다.

   tip 본 책에는 웨이브 물결 칼(묵칼) 사용

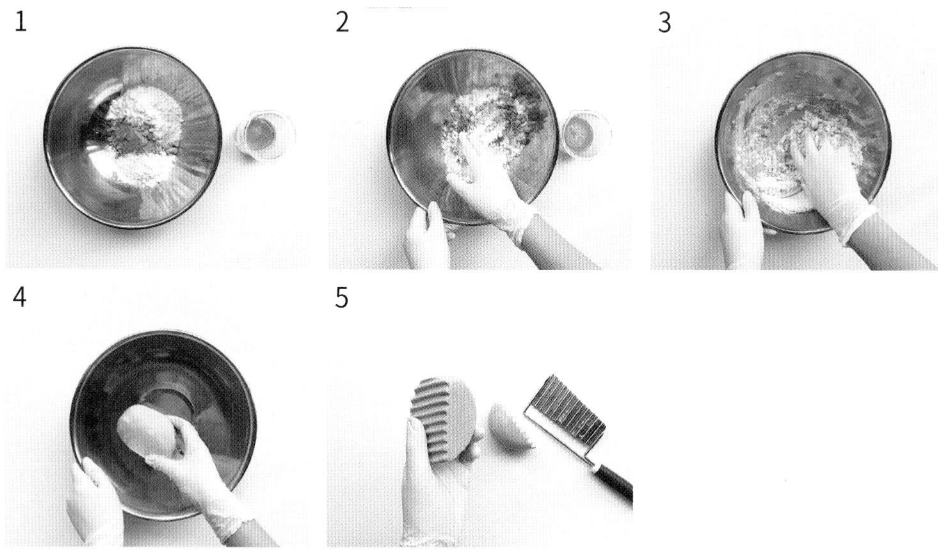
1
2
3
4
5

검은콩 듬뿍 블랙 케어 샴푸바

요즘 가장 주목받는 음식으로 꼽히는 블랙푸드 중 하나인 검은콩은 두피 건강에 빠짐없이 등장하는 재료다. 검은콩에는 시스테인, 이소플라본 등 양질의 단백질 성분이 다량 함유되어 두피의 혈액순환을 원활하게 돕고 모발의 성장을 촉진시킨다. 또한 비타민 B1, B2, E와 불포화 지방산이 풍부하여 노화 방지에도 큰 도움을 준다.

Tool	스테인리스 볼, 저울, 유리비커, 유리 막대
Powder Material	SCI(신데트 분말) 135g, 콘스타치 40g, 검은콩 분말 8g,
Liquid Material	애플워시 20g, 글리세린 25g, 호호바 오일 15g, 검은콩 추출물 10g, 병풀 추출물 6g, 실크 아미노산 3g, 쿠퍼펩타이드 3g, 페퍼민트 E.O 1~2g

How to make

1. 모든 가루 재료를 스테인리스 볼에 계량하고, 액체 재료는 비커에 계량한다.
2. 유화시킨 액체 재료를 가루 재료에 부어준다.
3. 손으로 쥐어짜듯이 모든 재료가 잘 섞일 수 있도록 꼼꼼하게 반죽한다.
4. 스테인리스 볼 주변이 깨끗하게 정리되고, 반죽이 하나로 잘 뭉쳐질 때까지 반죽한다.
   tip 신데트 분말 특성상 매우 빠르게 굳으니 서둘러서 반죽한다.
5. 헤라를 사용해 직사각형으로 만들어준다.
6. 웨이브 물결 칼(묵칼)로 컷팅 해준다.
7. 모두 완성되면 하루 정도 충분히 건조 후 사용한다.

오트밀 미네랄 **쏠트 올인원바**

모든 연령대와 모든 두피 타입까지 고루 사용이 가능한 오트밀 쏠트 올인원바는 피부에 쌓인 노폐물을 효과적으로 제거해주고, 수분과 산소의 공급을 촉진하여, 헤어와 바디에 촉촉한 보습을 더해준다. 기분 좋은 허브향과 함께 마치 자연 속에 있는 듯한 기분을 느껴보자.

Tool	스테인리스 볼, 저울, 유리비커, 유리 막대
Powder Material	SCI(신데트 분말) 135g, 콘스타치 40g, 앱섬 쏠트 12g, 오트밀 분말 8g
Liquid Material	애플워시 22g, 글리세린 30g, 모링가 오일 10g, 호호바 5g, 프로폴리스 추출물 13g, 실크 아미노산 3g, 쿠퍼펩타이트 3g, 티트리 E.O 1~2g

How to make

1. 모든 가루 재료를 스테인리스 볼에 계량하고, 액체 재료는 비커에 계량한다.
2. 액체 재료를 유리 막대로 잘 저어 유화시킨다.
3. 가루 재료를 골고루 잘 섞어준다.
4. 액체 재료를 가루 재료에 부어준다.
5. 모든 재료가 잘 섞일 수 있도록 손으로 쥐어짜듯이 꼼꼼하게 반죽한다.
6. 스테인리스 볼 주변이 깨끗하게 정리되고, 반죽이 하나로 잘 뭉쳐질 때까지 반죽한다.
7. 삼등분으로 나눈다.(개당 90g 정도)
8. 동그랗게 빚어준다.

   tip 신데트 분말 특성상 매우 빠르게 굳으니 서둘러서 모양을 만든다.
9. 모두 완성되면 하루 정도 충분히 건조 후 사용한다.

1
2
3
4
5
6
7
8
9

비타민 C 폭탄 약산성 캐롯프리카 올인원바

비타민C 함량이 높아 피부미백과 수분 유지에 효과적인 파프리카, 항산화 작용 및 소염작용뿐 아니라 모공 케어에도 효과적인 제주 당근, 비듬의 원인인 효모를 죽여 두피 염증 개선에 탁월한 알로에베라, 모발의 단백질과 유사한 식물성 케라틴까지. 좋은 재료들로만 만들어진 약산성 캐롯프리카 올인원바는 잦은 염색과 시술로 알칼리화가 되어있는 손상모발의 회복에 매우 효과적이다.

Tool	스테인리스 보울, 저울, 유리비커, 유리 막대
Powder Material	SCI(신데트 분말) 135g, 콘스타치 50g, 파프리카 분말 5g, 당근 분말 3g
Liquid Material	애플워시 20g, 글리세린 25g, 호호바 오일 15g, 알로에베라 워터 14g, 구연산 용해 용액 4g, 실크 아미노산 3g, 케라틴 2g, 스윗오렌지 E.O 1~2g

How to make

구연산 용해 용액 만들기: 구연산과 물을 2:8로 희석한다.

1. 모든 가루 재료를 스테인리스 보울에 계량하고, 액체 재료는 비커에 계량한다.
2. 유화시킨 액체 재료를 가루 재료에 부어준다.
3. 손으로 쥐어짜듯이 모든 재료가 잘 섞일 수 있도록 꼼꼼하게 반죽한다.
4. 스테인리스 볼 주변이 깨끗하게 정리되고, 반죽이 하나로 잘 뭉쳐질 때까지 반죽한다.

   tip 신데트 분말 특성상 매우 빠르게 굳으니 서둘러서 반죽한다.
5. 삼등분으로 나눈다.(개당 90g 정도)
6. 동그랗게 빚어준다.

   tip 도장은 아크릴 도장을 사용하면 잘 찍힌다.
7. 모두 완성되면 하루 정도 충분히 건조 후 사용한다.

1
2
3
4
5
6
7
organic
organic

100% 리얼버터 **컨디셔너밤**

자연에서 만들어지는 식물성 재료로부터 얻어진 식물성 버터만을 사용해서 만드는 헤어 컨디셔너밤. 그 어떤 화학첨가물, 유해성분을 모두 배제하고 만들게 되며, 피부에 바로 발라도 될 만큼 순하고 촉촉한 100% 천연의 버터로 구성되어 있다. 헤어에는 물론이고 환절기에 흔히 각질이나 건조함이 유발되는 피부에 사용하는 보습제로 활용 가능한 만능 아이템이다.

Tool 비커, 저울, 유리 막대, 용기

Material 시어 버터 20g, 코코아 버터 18g, 동백 버터 15g, 햄프씨드 버터 5g, 바닐라 버터 10g, 비즈왁스 10g, 유기농 버진 코코넛 오일 15g, 호호바 오일 2g, 아르간 오일 2g, 천연비타민E 1g

사용기한 1개월(건조하고 서늘한 곳에 보관한다.)

Conditioner
Balm
smooth and silky hair
I S D H

How to make

1. 유리비커에 버터류 및 비즈왁스를 계량한다.
   tip 동절기에는 비즈왁스를 생략한다.
2. 다 녹은 버터액의 온도가 떨어지면 다른 비커에 오일류를 계량한 후 혼합하고 잘 섞어준다.
3. 비타민E를 넣고 잘 저어준다.
4. 준비된 용기에 붓고 굳힌다.
5. 완전히 굳은 후 바로 사용 가능하다.
   tip 손가락 마디만큼 소량만 덜어 손의 온기로 녹인 후 손상된 모발 끝에 골고루 발라 따뜻한 물로 헹궈준다.

1
2
3
4
5
Conditioner
Balm

No 비듬, 양귀비도 울고 갈 머릿결

천연 허브 비네거 린스

한때 유행한 '노푸(No Shampoo)'는 샴푸 없이 머리를 감거나, 천연 재료만을 사용하여 샴푸하는 방법을 뜻한다. 천연 허브 비네거 린스 역시 두피를 화학 성분으로부터 보호하고 건강한 머릿결을 유지하기 위해 고안된 대표적인 '노푸' 제품이다. 특히, 사춘기 아이들의 정수리 냄새, 기름지고 가려운 두피 등에는 식초 린스를 추천한다. 식초 린스는 모발을 부드럽게 가꿔줄 뿐만 아니라, 비듬을 유발하는 효모를 죽이고 모공을 수축시켜 과잉 피지를 제거하고 모발과 두피에 남은 불순물 및 각질 연화를 제거한다.

Tool 유리용기 200ml, 깔때기, 거름망, 뾰족 공병

Material 허브, 사과식초(sugar free)

사용기한 1년(건조하고 서늘한 곳에 보관한다.)

향과 효능을 더하기 위해 다양한 허브를 사용해보자.

허브	기능
라벤더	모든 피부 타입에 잘 어울리며 두피 안정
로즈마리	지성피부에 효과적이며, 두피 열 진정
로즈플라워	건성피부 및 노화 피부
카렌듈라	모든 피부 타입, 순한 보습과 진정 효과
페퍼민트	두피에 활력을 줌

How to make

만들기 전 모든 공병과 도구를 에탄올로 소독한다.

1. 에탄올로 소독한 용기와 깔때기를 준비한다.
2. 물기를 제거한 허브를 넣어준다.(로즈마리 사용)
3. 카렌듈라 허브도 핀셋을 사용해 넣어준다.
4. 용기를 흔들어서 허브를 정리한다.
5. 허브 부피기준 약 2배의 사과식초를 부어준다.
6. 세차게 용기를 흔들어준다.(하루에 한 번 2~3주간)
7. 2~3주 후 거름망 혹은 커피필터로 허브를 걸러낸다.
8. 뾰족 용기와 비네거 린스 원액을 준비한다.
9. 정제수와 비네거 린스 원액을 정제수 9:원액 1 혹은 정제수 8:원액 2 비율로 담아 사용한다.
   (완성된 비네거 린스를 두피 및 헤어에 뿌리고 골고루 마사지한 후 헹궈낸다.)

Point

1. 지성피부의 경우 일주일에 한 번, 건성 피부의 경우는 텀을 두고 사용하는 것이 효과적이다.
2. 어둡고 서늘한 곳에 두고 하루에 한 번씩 2~3주 동안 세차게 흔들어준다.(여건이 되는 경우 1주일 후 허브를 새로 갈아주면 좋다.)
3. 사과식초는 자체만으로도 비듬을 유발하는 효모를 죽이고 피지 제거에 효과적이기 때문에 허브가 없다면 사과식초와 물로만 희석해서 사용해도 좋다.
4. 사용 시 식초 냄새가 날 수 있으나 드라이 후 냄새는 완전히 사라진다.

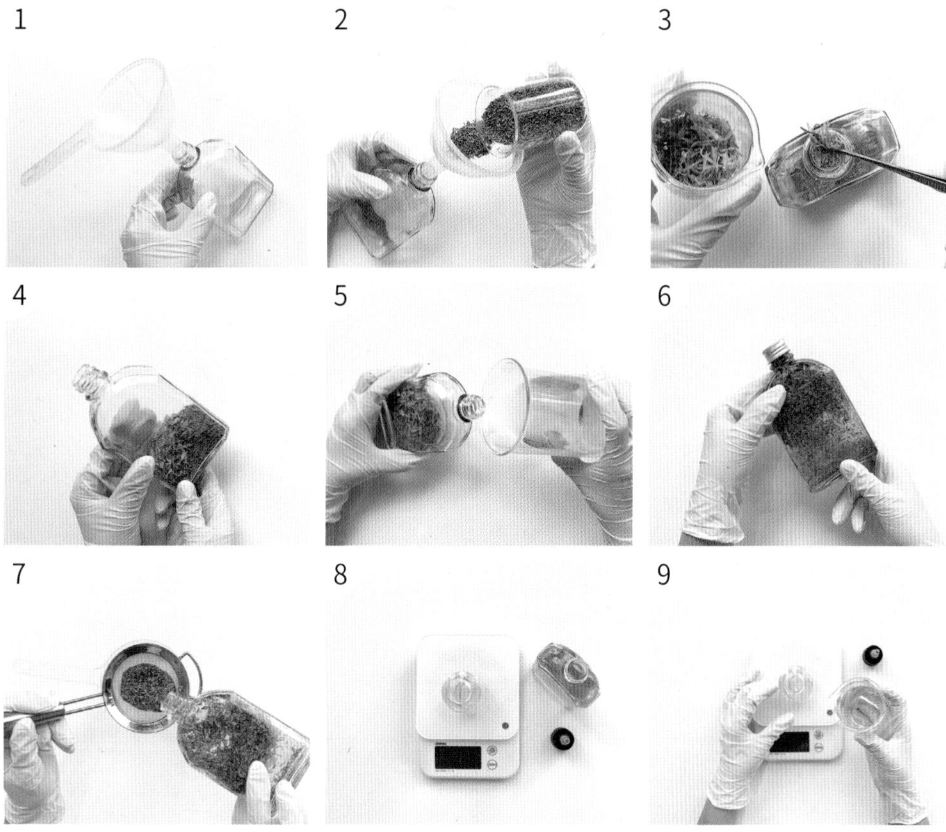

누구보다 당신을 사랑합니다. **동백 헤어 에센스**

명품 브랜드 샤넬의 심벌마크는 카멜리아, 한국에서도 줄곧 사랑받아온 바로 동백꽃이다. 동서양의 많은 여성들의 사랑을 받고 있는 동백꽃은 예로부터 한국, 일본, 중국 등에서 여성들의 머릿결을 위해 많이 사용된 재료다. 동백꽃의 열매나 씨앗을 압착하여 추출한 것이 바로 동백오일로, 보습에 탁월한 올레인산과 리놀레익산, 팔미틱산, 각종 비타민과 오메가 성분까지 풍부하게 함유하고 있어 모발에 충분한 수분과 영양을 공급해준다. 이 때문에 동백 헤어 에센스를 건조한 모발에 수시로 사용하거나 또는 젖은 모발에 도포 후 드라이해주면 좀 더 촉촉하고 건강한 상태를 유지할 수 있다. 동백 헤어 에센스와 함께 매혹적인 동백 아가씨가 되어보자.

Tool 스프레이 용기 100ml, 저울, 비커

Material 로즈 워터 70g, 창포 추출물 10g, 동백유 5g, 아르간 오일 3g, 모이스트24 2g, 실크아미노산 2g, 케라틴 1g, 비타민E 1g, 로즈 제라늄 에센셜 오일 10 drop 혹은 로즈 & 화이트 머스크 프래그런스 오일 1g(프래그런스 오일은 코스메틱 등급 사용)

사용기한 건조하고 서늘한 곳에 보관한다.(사용기한: 2개월)

ESSENCE
Organic, Active Ingredient
ESSENCE
Organic, Active Ingredient

How to make

1. 에탄올로 용기를 소독 후 건조한다.

2. 로즈워터를 계량 후 용기에 부어준다.

3. 추출물, 오일, 첨가물을 순서대로 넣는다.

4. 비타민E(천연방부제)를 첨가한다.

5. 뚜껑을 닫고 세차게 흔들어준다.

6. 뚜껑을 열어 프래그런스 오일을 넣고 흔들어준다.

7. 사용 전 흔들어 사용한다.

tip 분리층을 원하지 않을 시 올리브 리퀴드를 1g 첨가한다. 올리브 리퀴드 첨가 시 제일 먼저 소독된 용기에 에센셜 오일(혹은 프래그런스오일), 비타민E, 첨가물, 추출물, 오일, 올리브 리퀴드를 넣고 잘 섞은 후 맨 마지막으로 로즈워터를 넣고 다시 잘 섞어준다.

Point

1. 스프레이 타입이 아닌 겔 타입으로 제작 시 워터류와 겔을 1:1 비율로 정하고 미니 블렌더를 사용해 잘 섞어야 한다.(예: 로즈 워터 70g → 로즈 워터 35g + 알로에베라겔 35g)

2. 로즈 워터 대신 자스민 워터, 라벤더 워터 등 다양한 플로럴 워터로 대체 가능하다.

3. 24시간 동안 수분을 보호하는 모이스트 24 이외에도 실크 아미노산, 쿠퍼팹타이드, 판테놀 등 헤어 지킴이에서 사용했던 다양한 기능성 첨가물로 대체하여 사용해보자.

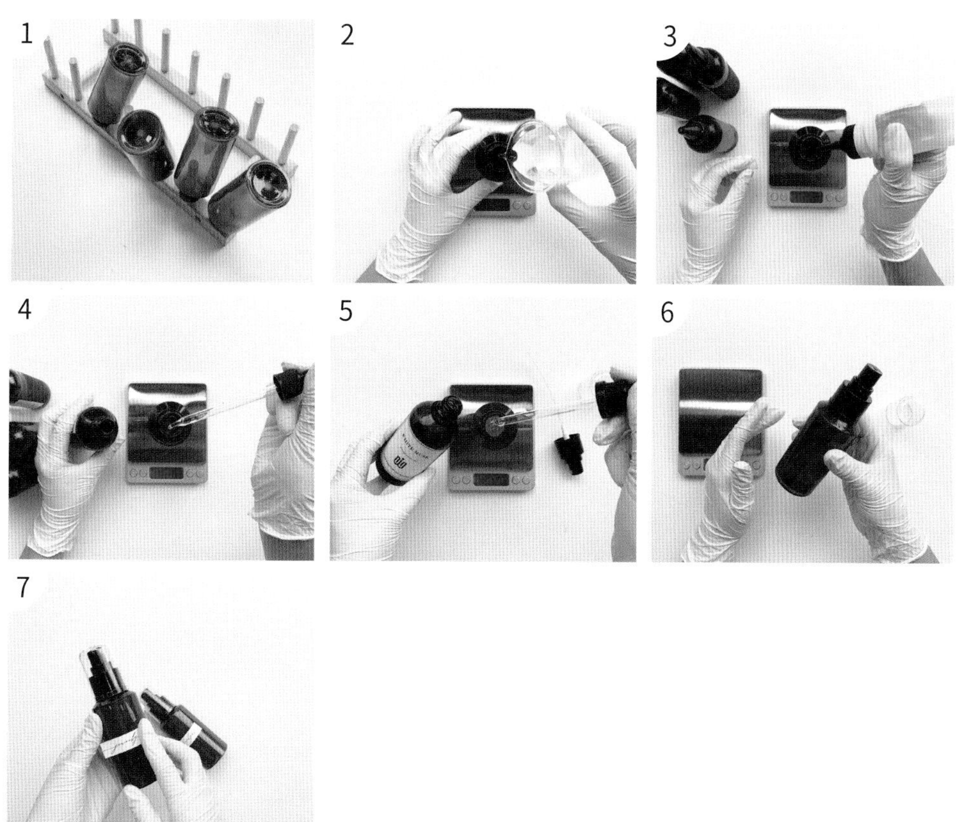

탈모케어 헤어 에센스

앞서 소개한 탈모샴푸와 샴푸바에 이어, 간단히 만들 수 있는 탈모케어 헤어 에센스를 소개해본다. 탈모 에센스의 주원료로 사용되는 로즈마리는 기원전 1세기부터 요리, 차, 입욕, 화장수로 널리 사용되었다. 로즈마리 워터는 로즈마리 에센셜 오일을 추출하는 과정에서 나오는 부산물로서 자체 효능을 가지고 있으며, 살균 소독이 뛰어나고, 두피에 부담 없어 모근 강화에 매우 효과적이다. 또한 엘라스틴 역시 분해효소를 억제하고 피부를 재생시켜 모발 성장을 촉진시키는 데 효과가 있다.
(동백 에센스와 제작 방법 동일)

Tool	스프레이 용기 100ml, 저울, 비커
Material	로즈마리 워터 65g, 어성초 추출물 10g, 에스피노추출물 5g, 호호바 오일 4g, 동백 오일 3g, 판테놀 2g, 실크 아미노산 2g, 쿠퍼팹타이드 1g, 비타민E 1g
사용기한	건조하고 서늘한 곳에 보관한다.(사용기한: 2개월)

How to make

1. 에탄올로 용기를 소독 후 건조한다.
2. 로즈마리워터를 계량 후 용기에 넣는다.
3. 추출물, 오일, 첨가물을 순서대로 넣는다.
4. 비타민E(천연방부제)를 첨가한다.
5. 뚜껑을 닫고 세차게 흔들어준다.
6. 뚜껑을 열어 프래그런스 오일을 넣고 흔들어준다.
7. 사용 전 흔들어 사용한다.

tip 분리층을 원하지 않을 시 올리브 리퀴드를 1g 첨가한다. 올리브 리퀴드 첨가 시 제일 먼저 소독된 용기에 에센셜오일(혹은 프래그런스오일), 비타민E, 첨가물, 추출물, 오일, 올리브 리퀴드를 넣고 잘 섞은 후 맨 마지막으로 로즈마리워터를 넣고 다시 잘 섞어준다.

쉽게 만드는

"일상 속 세정제"

쉽게 만드는 "일상 속 세정제"

Daily care Products

몸을 씻는 세정제들 말고도 일상 속에서 수많은 세정제들이 우리 삶의 공간을 청결하게 유지해주고 있다는 사실. 그런데 세균과 바이러스를 닦아주는 세정제들 역시 우리에게 해로울 수 있다고 한다.

방부제, 유해물질, 화학물질들로 인해 알게 모르게 자극을 받고 예민해졌을 피부와 기관지. 그렇다고 사용하지 않을 수는 없고, 아무 제품이나 사서 쓰자니 불안하고…

그래서 안전한 재료들로 직접 만들어 생활 속에서 자주 사용하게 될 세정제들을 만들어보자.

우리 책에서는 어렵고 손이 많이 가는 것들은 쏙 빼고 10분이면 정말 간단하게 만들어낼 수 있는 착한 세정제들만을 모아보았다. 게다가 자연에서 유래된 친환경적인 재료를 사용함으로써 세제 잔여물도 안전하고 자연으로 돌아가서도 쉽게 분해되기 때문에 환경 친화적이다. 거기에 직접 만들어 사용하면 가성비까지 좋으니 정말 쓰지 않을 이유가 없다.

우리 가족의 입에 닿는 식기에 사용할 안심할 수 있는 주방세제, 예민하고 민감한 피부에도 잔여물 걱정 없이 사용할 수 있는 순한 세탁세제, 주방과 욕실의 찌든 때를 화학물질 걱정 없이 깨끗하게 닦아줄 세제들까지 알차게 담아 보았다.

닦아내고 녹여주는 말 그대로의 세정제는 물론이고, 숙면을 도와주는 굿슬립 스프레이, 벌레를 퇴치해주는 안티버그 스프레이, 항균작용을 도와주는 편백 스프레이 등 생활 속에서 사용하면 편리할 여러 가지 필수품들도 함께 넣어 누었다.

자 그럼, 쉽고 간단하게 만들어보는 우리 삶의 필수 아이템들을 살펴보자.

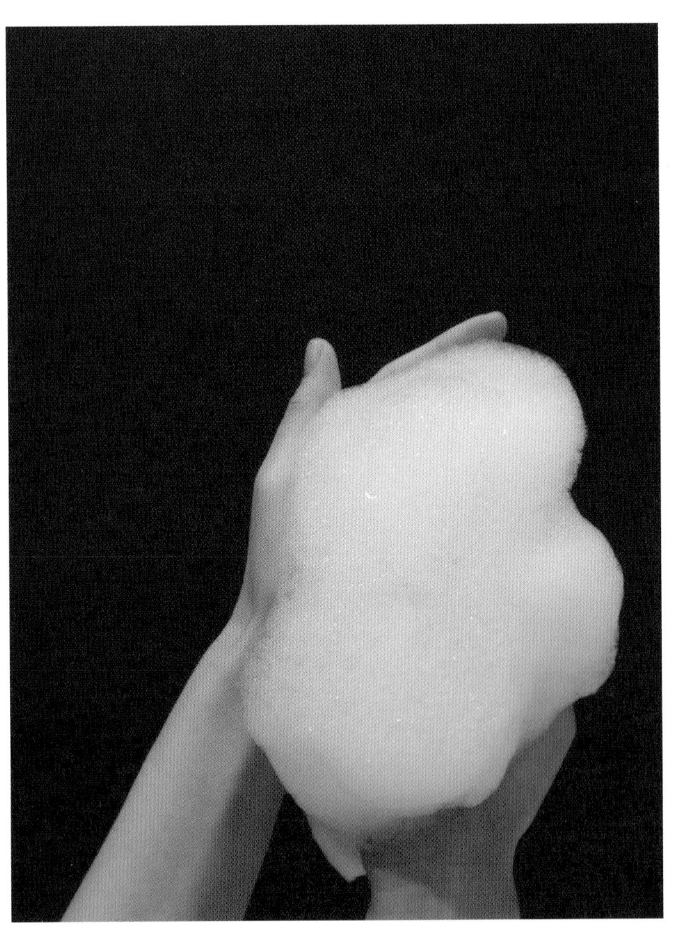

피부에 자극이 없는
거품 듬뿍 착한 계면활성제

1. 애플워시

사과 아미노산으로 만들어진 계면활성제로 피부에 자극을 주지 않는 아주 순한 성질을 가져 민감성 피부나 여성 청결제, 치약, 아기 피부에도 더욱 안심하고 사용할 수 있는 친환경 계면활성제다.

2. 코나코파(데실글루코사이드)

식물성 저자극 계면활성제로 옥수수와 코코넛 등 야자에서 추출하며, 천연 사포닌 성분으로 생분해 성질까지 있어 유아용, 저자극 샴푸 및 바디케어 등에 많이 사용되고 있다. 독성이 없어 눈과 피부에도 아주 순한 천연 계면활성제다.

3. 라우릴글루코사이드

옥수수 또는 감자로부터 얻은 포도당과 코코넛 팜 등 야자에서 얻어진 라우릴글루코사이드는 대표적인 환경친화 천연 계면활성제다. 민감한 두피나 바디에 사용 가능하며, 자극 없이 부드러운 세정력과 풍부한 거품력에 안정성까지 검증받아 유아용 화장품, 임산부 제품 등에 활용되고 있다.

4. 코코베타인(LPB)

코코베타인은 코코넛 오일에서 얻어지는 저자극 계면활성제로 거품이 매우 풍성하여 헤어샴푸, 베이비 샴푸, 입욕제 등에 많이 사용된다. 양이온성을 갖기 때문에 항균력이 우수하고, 정전기 방지 및 컨디셔닝 효과 또한 우수하다. CA(Cocamido Propyl betaine) 타입은 안전등급 4등급으로 사용에 용이하지 않으며, 안전등급 1등급인 LPB(Lauramido Propyl betaine) 타입을 추천한다.

5. 올리브 계면활성제

올리브 오일에서 추출한 천연 계면활성제로 세정력이 우수하며 수분막까지 지켜주기 때문에, 사용 후에도 건조하지 않고 부드러운 느낌이 든다. 소프트한 거품력으로 코코베타인과 혼합하여 사용하면 더욱 좋다.

소프넛 열매로 친환경 천연 세제 만들기

우리도 모르게 먹고 입는 잔류세제, 과연 얼마나 될까? 한 언론보도에 따르면, 성인 1명이 1년에 섭취하는 잔류세제는 약 소주 2잔 분량에 달할 정도로 많다고 한다. 세척력이 강한 합성세제의 위험성들이 조명되면서, 천연세제가 각광받고 있다. 소프넛은 비누(Soap)+열매(Nut)이라는 의미로, 인도 히말라야 솝베리나무(Soapberry, 무환자나무)에서 열리는 천연열매다. 소프넛은 물과 만나면 과피에 함유된 사포닌류 천연 계면활성 성분이 풍부하게 녹아나와 세정력을 증가시키며, 수질오염, 환경오염 없이 생분해된다. 이 때문에 고대 인도에서는 소프넛 열매껍질을 천연비누로 사용했다고 전해진다. 환경과 건강을 함께 생각하는 고대 선조들의 지혜가 느껴진다.

Tool　핫플레이트, 면 주머니, 용기

Material　소프넛 열매, 정제수, 애플워시, 코나코파, 글리세린, 레몬 에센셜 오일

사용기한　2개월(건조하고 서늘한 곳에 보관한다.)

소프넛 추출물 세탁 세제

Tool　핫플레이트, 면 주머니, 용기

Material　소프넛 열매, 정제수, 애플워시, 코나코파, 글리세린, 레몬 에센셜 오일

사용기한　2개월(건조하고 서늘한 곳에 보관한다.)

세탁 시　주머니에 소프넛 열매 10~15개 정도를 이불, 의류 등과 함께 세탁한다. 세탁 후 주머니를 열어 그대로 건조시킨다.(3번 정도 재사용 가능)

소프넛 추출물 만들기

1. 소프넛 열매 적당량을 붓는다.

2. 물을 가득 채우고 끓인다.(30분 정도)

소프넛 추출물 주방 세제

Tool 펌프 용기 300ml

Material 애플워시 70g, 코나코파 40g, 정제수 80g, 소프넛 추출물 85g, 자몽씨 추출물 10g, 글리세린 9g, 레몬 에센셜 오일 3g

How to make

1. 유리비커에 애플워시, 코나코파, 정제수를 계량한다.
2. 1번에 소프넛 추출물을 넣어준다.
3. 자몽씨 추출물과 글리세린을 넣고 잘 섞어준다.
   tip 자몽씨 추출물은 천연방부제 역할 및 소독 살균에 탁월하다
4. 레몬 에센셜 오일을 넣고 잘 섞어준다.
   tip 레몬 대신 페퍼민트, 티트리, 시나몬 대체 가능
5. 용기에 담아 사용한다. (사용기한 1~2개월)

1

2

3

4

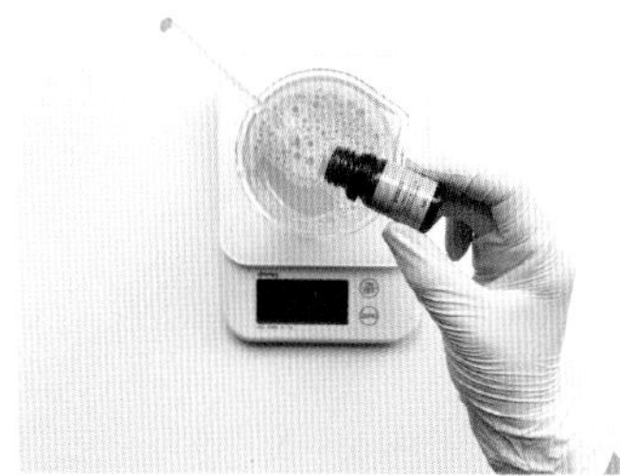

5

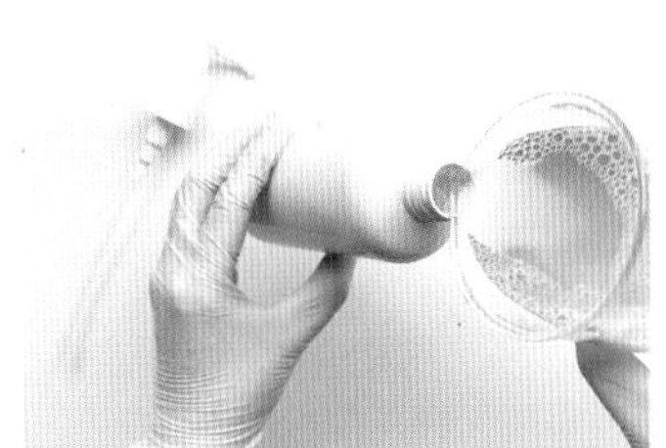

Point

1. 소프넛을 잘게 부숴 사용하면 거품이 더 많이 생긴다.(거품 양이 적어도 뽀드득 세정력이 좋으니 걱정할 필요는 없다.)
2. 소프넛은 수확 후 시간이 지남에 따라 색이 변한다. 컬러와 효능은 무관하니 안심하자.
3. 소프넛 열매 자체의 특이취가 싫다면, 삶을 때 귤껍질과 함께 넣어 끓인다.

뽀도독 고체 주방 비누

소중한 나와 내 가족을 위한 데일리 홈케어 중 가장 신경 쓰이는 부분은 주방세제가 아닐까? 풍성한 거품력은 물론 잔여물 없이 깨끗하고, 빠른 헹굼력까지 완벽한 뽀도독 고체 친환경 주방비누

Tool 스테인리스 비커, 핫플레이트, 저울, 플라스틱 비커, 핸드블렌더, 온도계, 내열유리병, 실리콘 비누 몰드 1kg

Material 오일 : 유기농 코코넛 200g, 팜 150g, 포도씨 30g, 피마자 30g
정제수 : 138g, 가성소다: 63g
첨가물 : 베이킹소다 15g
에센셜 오일 : 레몬 에센셜 오일 10g(생략 가능)

How to make

1. 오일을 계량한다.

   tip 핫플레이트에 올려 적정 온도(45도)로 맞춘다.

2. 유리병에 베이킹소다를 넣고 정제수를 계량한 후 잘 섞어 녹인다.

3. 베이킹소다가 완전히 녹은 정제수에 수산화나트륨을 계량한 후 가성소다수용액을 만든다.

   tip 초보자의 경우 미니 스탠 비커에 가성소다를 따로 계량한 후 정제수에 부어주는 것이 좋다.

4. 가성소다수용액의 온도가 35℃, 베이스 오일 온도가 45~50℃ 일 때 가성소다수용액을 베이스 오일에 부어준다.

5. 교반을 시작한다.(주걱-블렌더-주걱)

6. 적정 트레이스 시점에 향을 넣고 잘 저어준다.(생략 가능)

7. 비누액을 몰드에 부어 뚜껑을 닫아준다.

8. 24~48시간 보온한다.

9. 컷팅 후 충분히 건조한 후 사용한다.(건조 기간 : 4~6주)

Point

1. 끈을 달아 사용할 시 제작 순서 7번 과정에서 비누 액을 몰드에 붓고 난 후 끈이 들어갈 정도의 크기의 빨대를 잘라 꽂아서 보온한다.(빨대가 잘 서 있으려면 트레이스 시점이 4단계 이상이어야 한다.) 24~48시간 보온이 끝나면 빨대를 빼내고 그 구멍에 끈을 연결해 묶어 사용한다.

2. 완전 건조 후 1차로 강판에, 2차 믹서기에 갈아 통에 넣고 필요 시 만능 세제로 사용 가능하다.

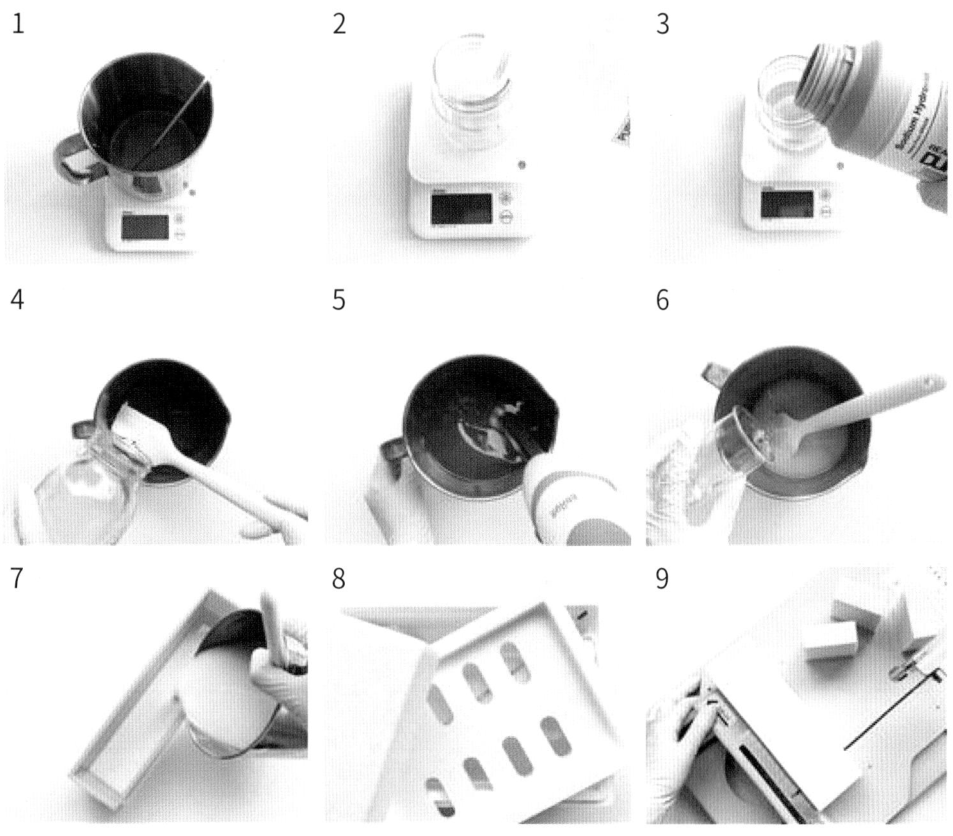

FABRIC
MIST
FABRIC
MIST
Good sleep Spray
Good sleep Spray

일상에 살균과 향기를 더하다…

좋은 꿈을 꾸는 선물하는 안개, **굿슬립 스프레이**

답답했던 하루의 스트레스는 잠시 내려놓자. 아직 오지 않은 미래를 걱정하는 대신 지금 이 순간 나의 행복에 집중해보자. 오늘보다 더 좋은 내일이 기다리고 있으니까. 숙면에 좋은 에센셜 오일로 제작된 굿슬립 스프레이가 당신을 좋은 꿈으로 데려가 줄 것이다. 잠들기 30분 전 베개와 침구에 소량 도포해주자. 그럼, 오늘도 꿀나잇!

Tool 저울, 비커, 용기 200ml

Material 무수에탄올 88g, 라벤더 워터 106g, 라벤더 에센셜 오일 1g, 스윗오렌지 에센셜 오일 1g, 시더우드 1g

사용기한 6개월

Good sleep spray

How to make

1. 용기를 소독 후 준비한다.
2. 용기에 라벤더 에센셜 오일, 스윗오렌지 에센셜 오일, 시더우드 에센셜 오일을 계량한다.
3. 유리비커에 무수에탄올과 라벤더 워터를 계량한다.
4. 용기에 담아준 후 흔들어 사용한다.
5. 취침 30분 전 베개와 침구에 소량 뿌려준다.

Point

라벤더는 신경 안정, 스트레스 해소 및 불면증 예방에 탁월한 효과가 있다는 연구결과가 있다. 라벤더 에센셜 오일을 침구에 몇 방울 떨어트리는 것만으로도 효과적이다.

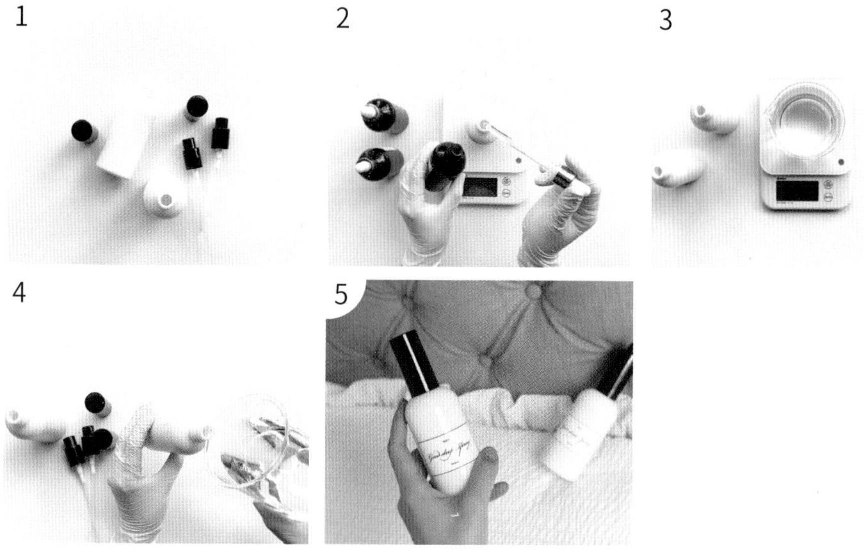

FABRIC
MIST

마스크 없이 숨 쉬는 나만의 공간, 페브릭 미스트

따사로운 아침을 시작하는 이불의 포근한 향기, 옷장에 개어 둔 옷가지들 속에서 풍겨 나오는 상쾌한 향기, 털썩 주저앉은 패브릭 소파와 쿠션에서 잔잔히 베어 나오는 은은한 향기. 좋은 향기를 입힌 공간에서는 작지만 소소한 행복을 느낄 수 있다. 고단한 나의 하루에 오롯한 휴식을 선물해보자.

Tool　저울, 비커, 용기 200ml

Material　무수에탄올 120g, 정제수 70g, 티트리 에센셜 오일 2g, 레몬 에센셜 오일 3g

사용기한　6개월

How to make

굿슬립 스프레이 제작 방법 참고

1. 준비한 용기를 소독 후 준비한다.
2. 소독된 용기에 티트리 에센셜 오일, 레몬 에센셜 오일을 계량한다.
3. 유리비커에 무수에탄올과 티트리 워터를 계량한다.
4. 3번을 용기에 담아준 후 흔들어 사용한다.

탈취 및 항균 스프레이

황사, 미세먼지 등으로 환기가 어려울 때, 케케묵은 집안 냄새는 그 자체도 문제이지만, 불쾌한 냄새는 대부분 세균 번식 때문이라는 사실. 그래서 집안 냄새를 제거하는 것은 집을 상쾌하게 만드는 것뿐 아니라, 세균으로부터 소중한 가족을 지키는 방법이다. 음식 찌꺼기로 걱정되는 주방, 반려동물과 함께하는 거실, 세균이 걱정되는 아이들 방까지 집안 냄새와 세균이 걱정되는 모든 곳에 탈취 살균 스프레이를 직접 만들어 사용해보자. 또한 탈취효과 및 항균, 살균효과가 뛰어난 편백수를 사용하여 외출, 여행 등 언제 어디서든 우리 가족의 건강을 지켜줄 휴대용 스프레이도 추천해본다.

가정용 탈취 살균 스프레이

Tool　저울, 비커, 용기 150ml

Material　무수에탄올 85g, 티트리 워터 60g, 그레이프프룻 에센셜 오일 1g, 티트리 2g

사용기한　6개월(굿슬립 스프레이 제작 방법 참고)

휴대용 편백수 항균 스프레이

Tool　저울, 비커, 용기 200ml

Material　무수에탄올 130g, 편백 워터 60g, 제라늄 에센셜 오일 2g, 레몬 에센셜 오일 2g, 티트리 에센셜 오일 1g

사용기한　6개월(굿슬립 스프레이 제작 방법 참고)

곰팡이 제거 스프레이

집 외벽, 창문 주변이나 벽 모서리, 욕실 타일, 욕실 실리콘 등 습기가 쉽게 차는 부분에서 곰팡이들이 많이 발생하곤 한다. 곰팡이는 독소를 가지고 있어 악취를 풍기고, 피부에 닿으면 아토피성 피부염 같은 피부질환을 유발한다. 또한 호흡기에 들어가면 기관지염이나 패혈증을 유발할 수 있다. 이런 유해한 곰팡이를 완벽히 제거하기 위해 레몬그라스를 사용해보자. 레몬그라스는 이름 그대로 레몬향이 나는 허브로, 항균과 항염 효과가 있어 약품으로도 쓰이지만, 항진균 효과가 있어 곰팡이 억제에도 효과적이다. 곰팡이가 자주 생길 수 있는 부분에 충분히 뿌려주고 몇 시간 후 닦아내자.

Tool 저울, 비커, 용기 150ml

Material 무수에탄올 80g, 정제수 60g, 레몬그라스 에센셜 오일 5g(시나몬 에센셜 오일로 대체 가능)

사용기한 6개월(굿슬립 스프레이 제작 방법 참고)

친환경 안티버그(Anti-Bug) 제품

자유로운 야외활동이 어려운 요즘, 한적한 공간에서 많은 사람과의 접촉을 최소화할 수 있는 '차박 캠핑'이 언택트 여행법으로 주목받고 있다. 차박 캠핑을 떠날 때 반드시 준비해야 할 한 가지, 바로 벌레들로부터 나와 가족의 피부를 지켜줄 친환경 안티버그 제품들이다. 집 실내, 창문, 현관, 발코니뿐만 아니라 텐트 한편에 놓아두면 좋을 안티버그 글라스, 의류나 침구에 뿌리는 안티버그 스프레이, 피부에 닿아도 자극이 적은 저자극 안티버그 스프레이까지. 다 준비되었다면, 이제 떠나볼까?

안티버그 글라스(홈 디스플레이용)

Tool 저울, 비커, 갈색 유리용기 100ml, 시나몬 담을 용기

Material 말린 오렌지, 시나몬, 시트로넬라 에센셜 오일 40g, 레몬그라스 에센셜 오일 20g, 라벤더 에센셜 오일 15g, 유칼립투스 에센셜 오일 10g, 로즈마리 에센셜 오일 5g, 티트리 에센셜 오일 10g

사용기한 6개월

CINNAMON
ANTI-BUG
SPRAY
ISDH
CINNAMON
ANTI-BUG
SPRAY
ISDH

How to make

1. 100ml 공병을 준비한다.
2. 유리 공병에 시나몬과 레몬을 넣어준다.
3. 유리비커에 시트로넬라, 레몬그라스, 라벤더, 유칼립투스, 로즈마리, 티트리 에센셜 오일을 계량하고 섞어준 후 100ml 용기에 담아 벌레퇴치용 에센셜 오일 블랜딩을 완성한다.
4. 이미 완성한 벌레퇴치용 에센셜 오일 블랜딩 3번을 다른 100ml 공병에 30g을 계량한다.
5. 무수에탄올 65g을 4번에 넣어준다.
6. 시나몬을 담은 용기에 완성된 벌레퇴치용 에센셜 오일을 필요 시 3~5g 정도 뿌려 사용한다.

Point

1. 4, 5번은 생략 가능하고, 벌레퇴치용 에센셜 오일 블랜딩 원액을 5~10 drop 떨어트려주어도 좋다.
2. 용기 선택은 종이컵, 유리병 등 사용하다 남은 용기를 재활용하는 것도 좋다.

안티버그 스프레이(의류 및 침구용)

Tool　저울, 비커, 용기 100ml

Material　무수에탄올 60g, 정제수 35g,
시트로넬라 에센셜 오일 1g, 타임 1g

사용기한　6개월(굿슬립 스프레이 제작 방법 참고)

안티버그 스프레이(피부용)

Tool　저울, 비커, 용기 100ml

Material　무수에탄 25g, 정제수 73g, DPG 1g,
라벤더 에센셜 오일 0.5g, 티트리 에센셜 오일 0.3g,
시트로넬라 에센셜 오일 0.2g

사용기한　6개월(굿슬립 스프레이 제작 방법 참고)

친환경 멀티 스틱

여름철 물가나 숲속에서 서식하는 야생 모기 때문에 한 번 물리면, 가려움뿐 아니라 오랜 기간 통증으로 고통받을 수 있다. 특히, 어린아이들은 가려움에 대한 내성이 적어 어른보다 훨씬 더 가려움을 느낀다. 예방이 가장 최선의 방법이지만 이미 모기나 벌레에 물렸다면, 피부에 안전한 천연 멀티 스틱으로 우리 가족의 피부를 지켜내자. 천연 멀티 스틱은 모기나 벌레 물린 곳뿐만 아니라, 땀띠 등에 사용하면 가려움증을 완화시키면서 항염 작용으로 빠른 시간 내 진정시켜준다.

Tool 저울, 비커, 용기 30ml

Material 호호바 오일 12g, 자운고 오일 10g, 밀랍5g, 비타민E 1g
페퍼민트 에센셜 오일 4drop, 로즈마리 에센셜 오일 2drop,
라벤더 에센셜 오일 4drop

사용기한 6개월

How to make

1. 유리비커에 호호바 오일, 자운고 온침유와 밀랍을 계량한다.
2. 약불로 가열해가며 천천히 녹인다.
3. 비타민E를 넣고 잘 섞는다.
4. 로즈마리, 라벤더, 페퍼민트 에센셜 오일을 첨가하여 잘 섞는다.
5. 굳기 전에 빠르게 용기에 담는다.
   tip 완전히 굳으면 위 표면에 수축현상이 생길 수 있으니 용기에 담을 때 표면이 볼록하게 올라올 때까지 담는다.
6. 완전히 굳으면 스틱을 돌려 사용한다. (바로 사용 가능)

Point

자운고 온침유는 식물성 오일에 온침한 오일로서 모든 피부 트러블 및 화상 태열 아토피에 효과적이며, 벌레 물린 곳, 가벼운 화상 등에도 효과적이다. 같은 작용을 하는 타마누 오일로 대체 가능하다.

천연 허브와 드라이플라워를 이용한

천연 방향 파우치

소중한 순간의 추억과 향기를 영원히 보관할 수 있다면? 선물 받은 꽃다발, 부케 등 특별한 의미가 있는 플라워를 잘 말려 천연 방향 파우치를 만들어보자. 옷장, 현관, 화장실, 차량 등 방향이 필요한 곳에 걸어두고, 소중한 추억들을 한 번씩 꺼내 보는 느낌은 꽤나 신선하다.

Tool　저울, 보울, 파우치

Material　다양한 허브과 드라이 플라워 20g, 무수에탄올, 에센셜 오일 혹은 프래그런스 오일 2~3g

How to make

1. 넓은 보울에 허브와 드라이 플라워를 계량한다.
2. 허브와 드라이 플라워에 무수에탄올을 골고루 뿌려준다.
3. 에탄올이 날아가면 에센셜 오일 혹은 프래그런스 오일을 골고루 뿌려 잘 섞어준다.
   tip 원하는 발향 정도에 맞게 2~3g 정도의 향을 골고루 넣어준다.
4. 향이 골고루 밸 수 있도록 15분 정도 랩핑 해 둔다.
5. 방향 파우치에 원하는 양만큼 넣어준다.
6. 옷장, 현관, 화장실, 차량 등 방향이 필요한 곳에 걸어두고 사용한다.

HAND SANITIZER
HAND SANITIZER

누구나 쉽게 만들 수 있는
초간단 손 소독 젤 & 스프레이

신종 코로나 19 바이러스가 확산되면서 전국적으로 손 소독제가 품귀현상을 빚었다. 쌀, 라면 등 사재기는 많이 들어봤지만, 어디 손 소독제 사재기를 어디 생각이나 해봤던가? 이제, 직접 손 소독 젤과 스프레이를 만들어 나와 내 가족 건강을 지켜보자! 싱그러운 플로럴 향에 알로에를 더해 보습과 영양까지 생각한 휴대용 퍼퓸 손 소독 젤, 어디든 마구마구 간편히 뿌려주는 시원한 페퍼민트향의 손 소독 스프레이까지, 당신의 선택은?

알로에 퍼퓸 손 소독 젤

Tool 저울, 비커, 미니 블렌더, 용기 50ml

Material 무수에탄올 30g, 알로에베라겔 15g,
글리세린 5g, 스피아민트 에센셜 오일 5drop,
레몬 에센셜 오일 5drop

사용기한 1~3개월

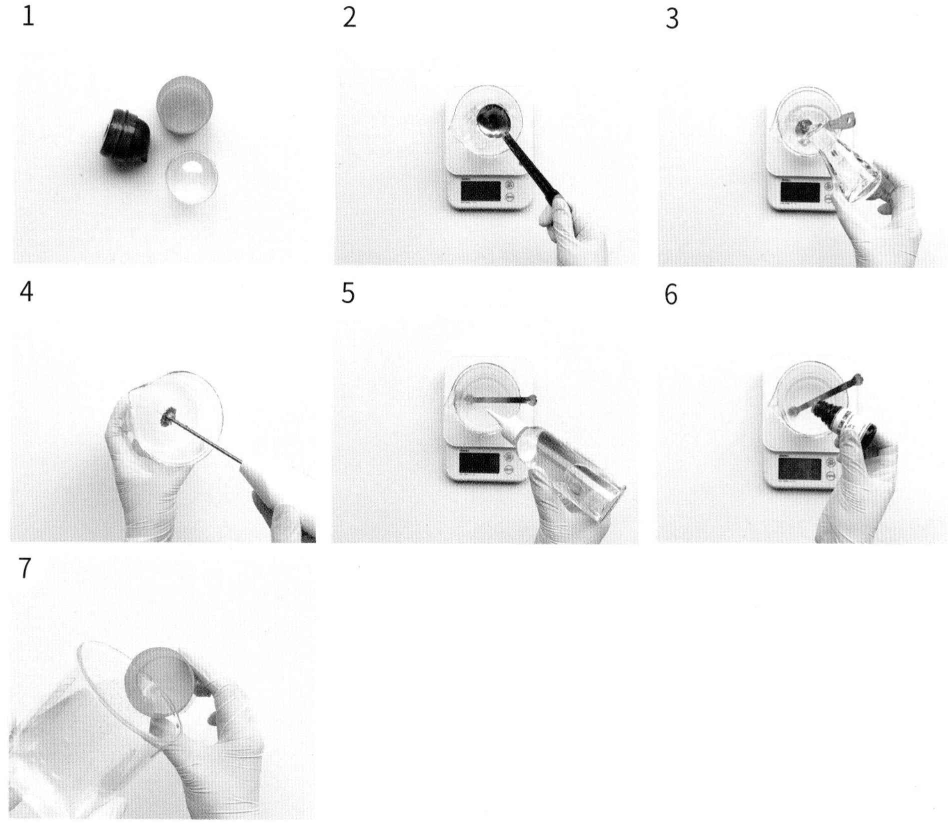

How to make

1. 50ml 공병을 준비한다.

2. 유리비커에 알로에베라겔을 계량한다.

3. 무수에탄올을 2번에 붓는다.

4. 미니 블렌더를 사용해 잘 섞어준다.(하나의 제형으로 잘 섞일 때까지)

5. 글리세린을 넣고 잘 섞어준다.

6. 스피아민트 에센셜 오일과 레몬 에센셜 오일을 넣고 잘 섞어준다.

7. 준비한 용기에 넣어 사용한다.

레몬 & 페퍼민트 손 소독 스프레이

Tool　　저울, 비커, 미니 블렌더, 용기 100ml

Material　　무수에탄올 65g, 정제수 25g,
글리세린 5g, 티트리 혹은 페퍼민트 에센셜 오일 10drop

사용기한　　6개월

How to make

1. 스프레이 용기 100ml를 준비한다.
2. 무수에탄올을 계량한다.
3. 정제수를 2번에 넣어준다.
4. 글리세린을 첨가한 후 잘 섞어준다.
5. 페퍼민트 에센셜 오일을 첨가한 후 잘 섞어준다.(티트리 혹은 레몬 에센셜 오일로 대체 가능)
6. 용기에 담아 사용한다.

   tip 제작 속도가 느리다면, 무수에탄올을 가장 마지막에 넣고 섞는다.(에탄올의 순도가 떨어질 수 있기 때문)

생활제품 만들기에 자주 소개되는 재료에 대해 알아두기
청소 꿀팁 삼인방(베이킹소다, 과탄산소다, 구연산)

베이킹소다

베이킹소다는 pH8/약알칼리(약염기성)의 성질로 세척력이 아주 강하지는 않지만, 오염물질을 흡착하고 탈취력이 좋은 재료다. 또한, 먹어도 될 만큼 안전한 베이킹소다는 주방에서 활용도가 아주 적합하고, 연마제 기능까지 두루 갖춘 아이라 가스레인지, 스토브 주변 기름때 혹은 찌든 때 제거 및 주방도구, 신발장, 옷장 등 탈취 제거에도 아주 효과적이다.

주의: 물과 함께 사용을 하면 기능이 떨어지기 때문에 가루 형태로 뿌려서 사용하는 게 좋다. 수분을 머금은 베이킹소다는 수시로 교체한다.

과탄산소다

과탄산소다는 세척력이 가장 우수한 수치의 pH11/강알칼리, 강염기성의 성질을 가진 물질로 물에 닿으면 과산화수소와 탄산소듐으로 분해가 되어 오래된 식기세척(녹 제거) 및 산화된 얼룩제거, 찻자국, 행주 등을 소독 살균, 표백하며, 연수 작용으로 세탁을 용이하게 만들어준다. 세제와 함께 사용하면 더욱 효과적이다.

주의: 찬물에 녹지 않는 성질이 있어 꼭 따뜻한 물에 녹여 사용하자. 스테인리스 사용에는 매우 효과적이나 그 밖의 금속물질은 부식시키기 성질이 있어 과탄산소다 단독 사용 시에는 주의가 필요하다.

구연산

구연산은 시트러스 과일 계열에서 추출한 pH2/강산성 물질이다. 기름때 등 오염물질은 대부분 산성분이기 때문에 구연산으로는 세척이 어렵고, 알칼리와 염기성 같은 세제로 1차 세척을 한 후 남은 세제 잔류물을 깨끗하게 제거해주는 등 물 때, 비눗물 제거, 수돗물에 섞여있는 마그네슘의 알칼리 성분과 염기성 얼룩제거에 효과적인 아이이다.

주의: 물과 오래 닿아있으면 효과가 떨어지기 때문에 그때그때 필요에 따라 만들어 사용하는 게 좋다.

청소 3인방으로 살림 고수되기

친환경세제 3인방(베이킹소다, 과탄산소다, 구연산)으로
살림의 여왕 되기

표백제, 가습기 살균제, 치약 등 연일 보도되는 생활 속 세정제품에서의 유해물질 논란으로 화학 세정제품 전체에 대해 불신이 높아지고 있다. 주변에 살림 좀 잘한다는 고수분들은 과연 어떤 세정제를 사용하고 있을까? 살림의 여왕들이 추천하는 친환경세제 삼총사(베이킹소다, 과탄산소다, 구연산)를 활용한 초간단 살림 비법을 소개한다.

Material　베이킹소다, 과탄산소다, 구연산

구연산 응용법

1. 포트에 구연산을 소량 넣고 물을 가득 채워 1시간 정도 끓인 후, 물을 버린다.
   tip 구연산수를 버릴 때는 싱크대 세재 잔류 부분 혹은 물 때 청소로 사용하면 좋다.
2. 텀블러 등 물때가 낀 곳은 구연산을 소량 넣은 후 뜨거운 물을 부어두면 좋다.
3. 구연산을 따뜻한 물에 녹인 후, 스프레이 용기에 담아 집안 곳곳 물 때 낀 곳, 거울 청소,수전, 세탁물을 헹굴 때 섬유유연제로 사용하면 남은 알칼리성 잔류 세재가 말끔히 사라진다.

1. 구연산과 물을 2:8 혹은 3:7로 계량한다.

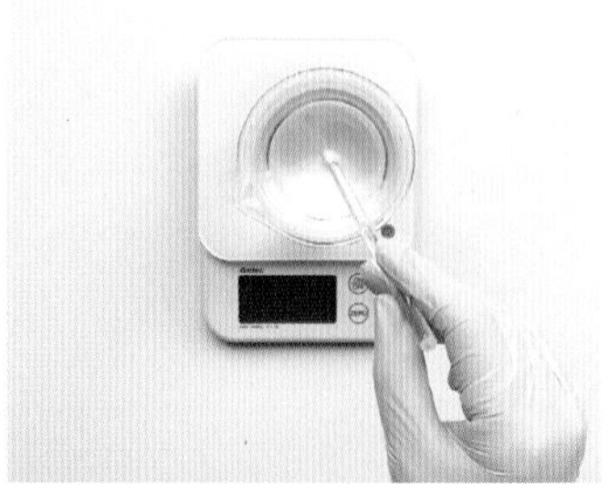

2. 잘 섞어준다.

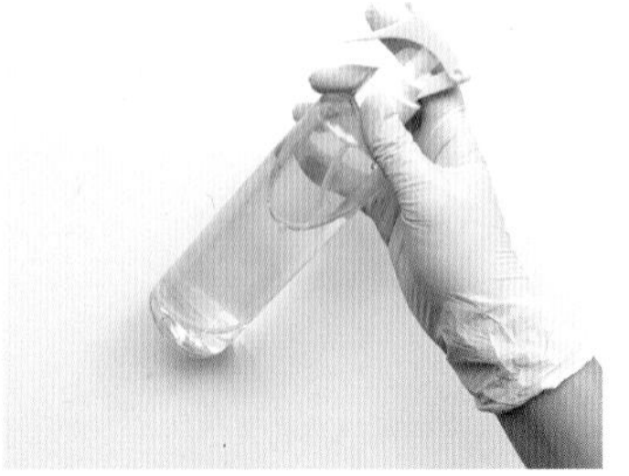

3. 용기에 담아 사용한다.

1. 주방 하수구에 과탄산소다를 뿌린 후, 뜨거운 물을 부어 청소한다.
2. 행주, 신발, 얼룩진 옷 등에 과탄산소다를 뿌린 후 따뜻한 물에 담가 두면 표백 효과가 뛰어나다.

How to make

세탁세제 활용 레시피 총300g(1회 사용량: 50g / 사용기한 1~2개월)

가루 재료: 베이킹소다 130g, 과탄산소다 100g, 구연산 30g

액체 재료: EM발효액 10g, 코코베타인 15g, 라우릴글루코사이드 10g, 레몬 에센셜 오일 2g

1. 넓은 볼에 가루 재료인 베이킹소다, 과탄산소다, 구연산을 넣어 골고루 잘 섞어준다.
2. 잘 섞은 가루 재료에 액체 재료를 순서대로 넣고 골고루 잘 섞어준다.
3. 하루 이틀 정도 완전히 건조 후 통에 담아 사용한다.

tip 과탄산소다는 찬물에 녹지 않는다. 세탁 시 온수를 사용하거나 미리 갈아놓은 과탄산소다를 사용한다.

베이킹소다 응용법

1. 베이킹소다를 컵에 담아 보관하면 습기 및 탈취 제거에 효과적이다.
2. 베이킹소다 가루를 가스레인지, 스토프 주변 및 기름때가 낀 곳에 뿌려 솔로 닦아준다.
3. 과일 및 야채를 씻을 때 베이킹소다를 사용하면 뽀도독뽀도독 깨끗이 씻을 수 있다.
4. 욕실 청소 시 사용해보자. 베이킹소다는 물과 희석할 때보다 가루로 직접 사용할 때 더 효과적이다. (솔을 사용)

초간단 베이킹소다 주방세제

Tool　　펌프 용기 300ml

Material　　정제수 150g, 코코베타인 50g, 라우릴글루코사이드 40g, 올리브계면활성제 30g, 베이킹소다 10g, 글리세린 8g, 브로콜리 추출물 6g , 그레이프프룻 에센셜 오일 2g, 펌프 용기 300ml

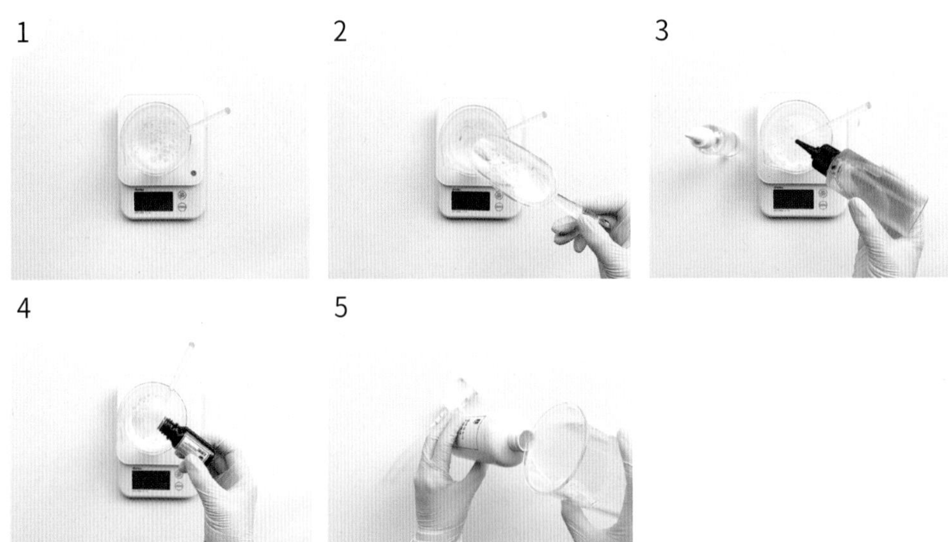

How to make

1. 유리비커에 정제수, 코코베타인, 라우일글루코사이드, 올리브계면활성제를 계량한다.

2. 1번에 베이킹소다를 넣고 잘 섞어준다.

   tip 베이킹소다를 정제수에 미리 녹여 놓으면 시간을 단축할 수 있다.

3. 2번에 글리세린과 브로콜리 추출물을 넣고 잘 섞어준다.

   tip 브로콜리 추출물 대신 자몽씨 추출물로 대체 가능하다. 브로콜리 추출물은 비타민C가 매우 풍부하며, 거칠어진 피부 결 개선에 도움을 주며, 노화를 촉진하는 활성산소를 중화시키는 역할을 한다.

4. 그레이프프룻 에센셜 오일을 넣고 잘 섞어준다.(향: 생략 가능)

5. 용기에 담아 사용한다.(사용기한: 1~2개월)

착한 발효 미생물, EM발효액

시간이 지날수록 부패되는 해로운 것이 있지만, 시간이 지날수록 발효되는 이로운 것도 있다. 가정에서 누구나 쉽게 경험할 수 있는 착한 발효액 EM(Effective Micro-Organisms 유용 미생물군) 발효액에 주목하자. EM발효액은 이미 훌륭한 효과를 인정받아, 천연화장품, 세제뿐만 아니라 각종 지자체 환경개선 사업 등 다양한 분야에서 활용되고 있다.

EM발효액 활용한 초간단 주방세제

Tool　펌프 용기 300ml

Material　정제수 100g, 코코베타인 70g, 올리브 계면활성제 50g, EM쌀뜨물발효액 45g, 글리세린 15g, 녹차추출물 10g, 자몽씨 추출물 3g, 스윗오렌지 에센셜 오일 2g

1. 준비한 용기를 에탄올로 소독한다.
2. 소독된 용기에 정제수부터 스윗오렌지 에센셜 오일까지 순서대로 넣어가며 골고루 잘 섞는다.
   tip 자몽씨 추출물은 천연방부제 역할 및 소독 살균에 탁월하다.

EM발효액의 기타 활용법

EM발효액과 물을 1:1로 혼합하여 스프레이 용기에 담아 청소가 필요한 곳에 뿌려준다.
(냉장고 청소, 신발장 청소, 애완동물 소변 자국, 쓰레기통 청소)
행주, 도마 세척, 채소나 과일을 씻을 때 EM발효원액 한 컵을 함께 담가 사용한다.

산도(pH)란?

산도(pH)란 산성이나 알칼리성의 정도를 나타내는 수치로 물질 내의 수소이온의 농도를 의미하며, 신체가 갖고 있는 산의 양을 나타내는 지표라 할 수 있다. pH는 0~14 범위로 측정하는데, 지수가 0에 가까울수록 산성, 14에 가까울수록 알칼리성, 중간지점의 지수를 중성이라고 한다. 사람의 신체는 평균적으로 7.3~7.4pH를 유지하려는 성질이 있으며 자체적으로 과도한 pH의 변화를 막기 위한 완충 시스템을 갖고 있다.

pH 밸런스란?

사람의 몸속 기관들의 구조와 기능은 생화학적 과정을 통하여 작동하게 되는데, 신체의 '항상성'을 유지하는 핵심 요소를 'pH 밸런스'라고 부른다. 여기서 '항상성'이란, 생체가 여러 가지 환경 변화에 대응하여 내부 상태를 일정하게 유지하는 현상을 말한다.

피부의 pH

pH의 지수가 높은 알칼리성은 민감성, 건성 피부를 의미하며 pH의 지수가 낮은 산성은 지성피부를 말한다. 또한 피부의 pH는 피부 타입과 컨디션에 영향을 주며 최적의 피부 pH는 5.5의 '약산성'이라고 한다.

최적의 피부 pH 5.5

pH 5.5는 '약산성'인데 이를 피부 최적의 조건으로 보는 이유는 아토피, 여드름 등의 각종 피부 트러블 발생을 막기 때문이다. 세균, 박테리아 등의 미생물들은 대부분 알칼리성의 성질을 갖고 있는데 약산성 상태에서는 이 미생물들의 생존과 번식이 어렵다. 또한, 각질층의 지질막 구조를 건강하게 유지하기 좋은 pH이다. 지질막을 구성하는 '케라틴' 이란 단백질이 장시간 알칼리 상태에 노출되면 피부가 수분을 잃고 거칠어지기 때문이다. 이러한 상황에 처한 피부는 평균적으로 작은 자극에도 쉽게 트러블이 발생한다.

피부의 pH 밸런스는 변화한다.

피부는 반드시 동일한 pH를 유지하지 않는다. 기본적으로 신체의 부위, 인종, 성별에 따라 pH가 다르지만 계절적인 변화, 환경적인 요소에 의해 pH 밸런스는 변화한다. 예를 들어 낮에는 밤보다 산성에 가까워지며, 여름에는 겨울보다 산성에 가까워진다. 여성의 경우 생리 일주일 전 프로게스테론의 분비량 급증으로 산성에 보다 가까워진다. 또한 노화가 시작되는 28세 이후부터 각질층의 천연 보습 입자, 세라마이드 등이 감소하게 되고 pH가 상승하여 알칼리성으로 변해갈 수 있다. 결국 pH 밸런스는 변화하기 때문에 잘 관찰하고 관리할 필요성이 있다.

IT'S YOURS
THANK YOU
THANK YOU

S
소프닝
주방세제
B
베이킹소다
주방세제

CINNAMON
ANTI-BUG
SPRAY
CINNAMON
ANTI-BUG
SPRAY

Good sleep Spray

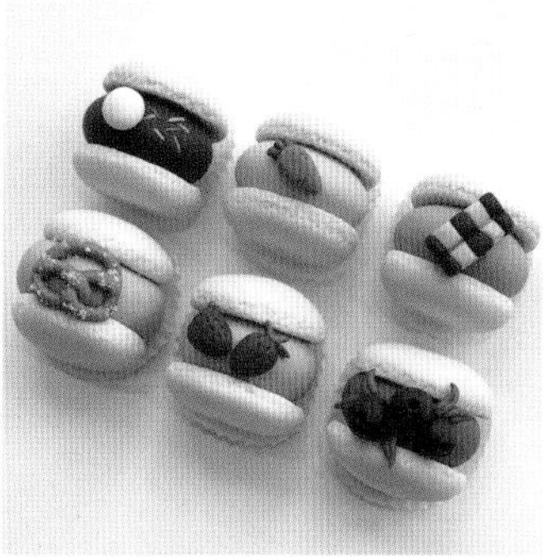

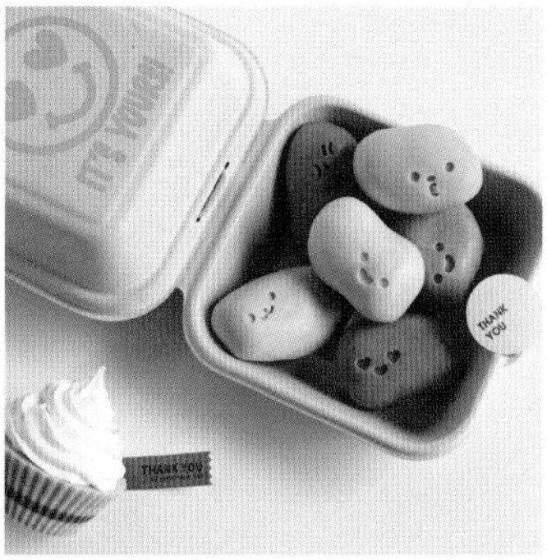

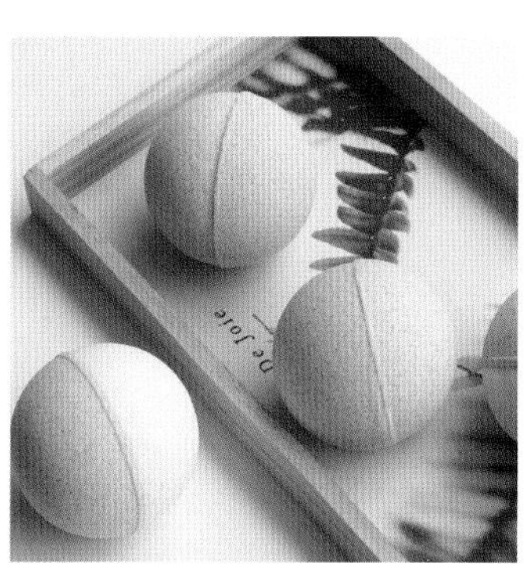

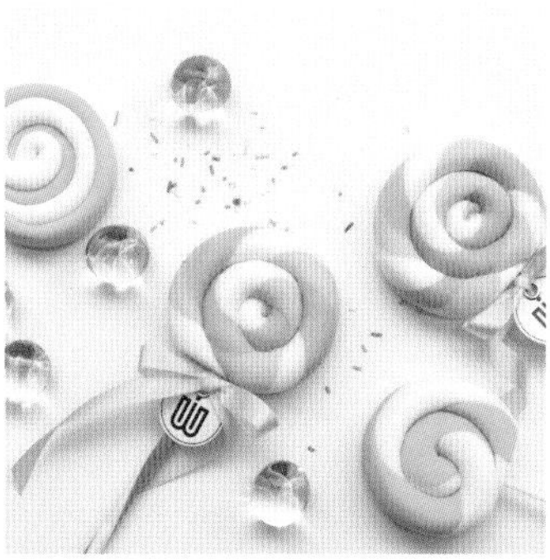

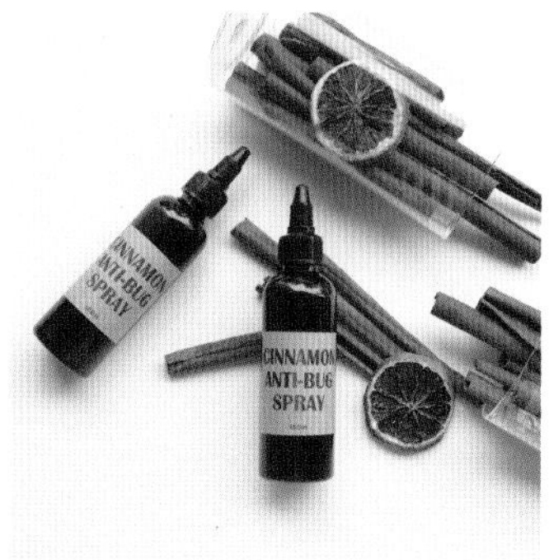

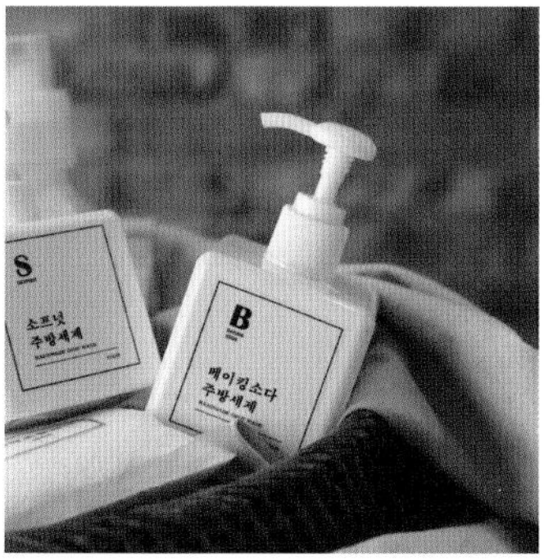

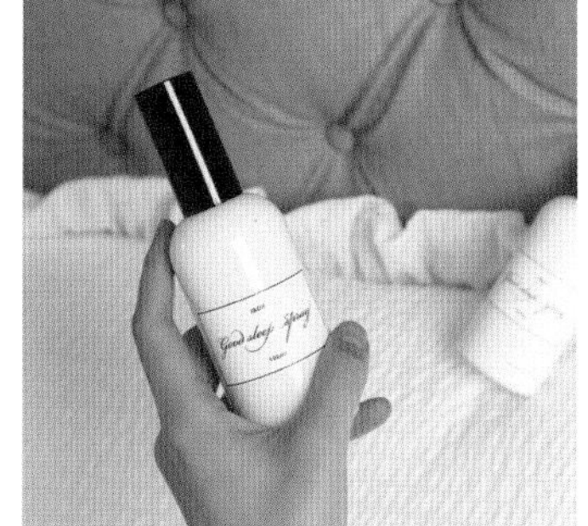

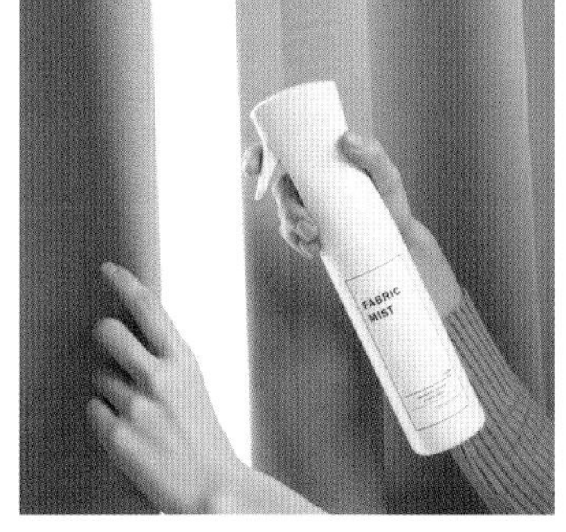

FABRIC
MIST

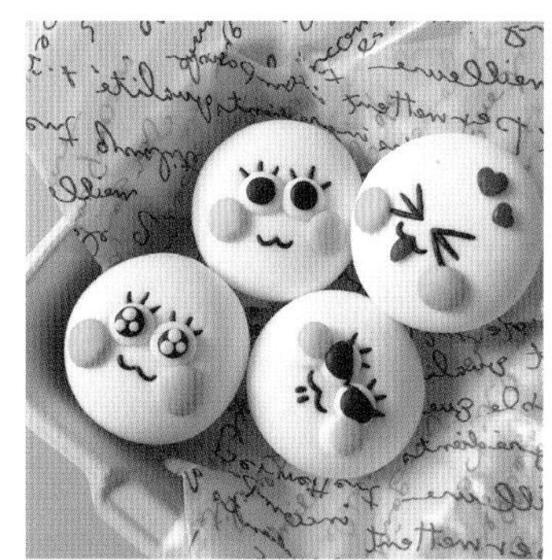

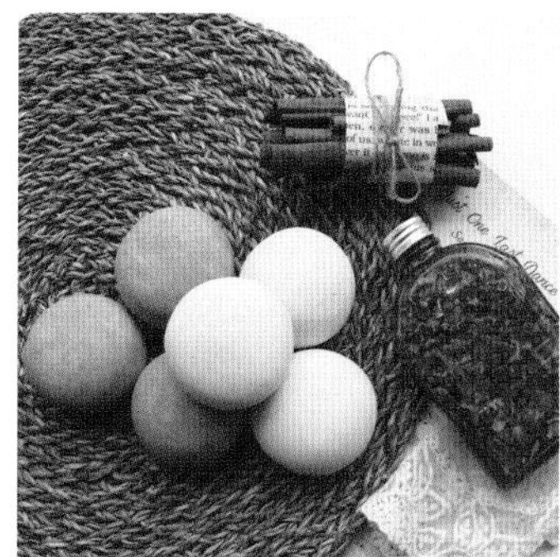

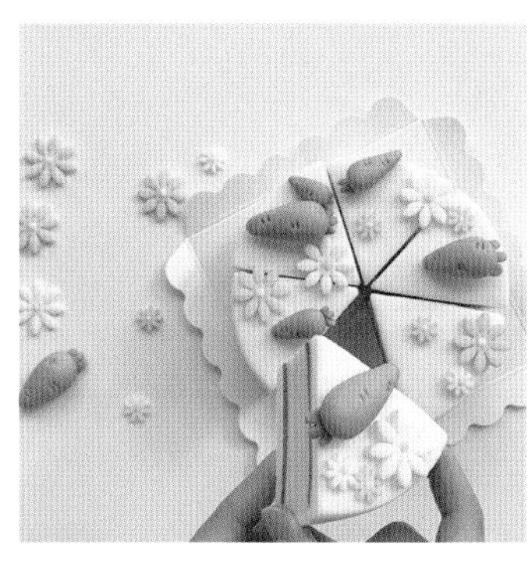

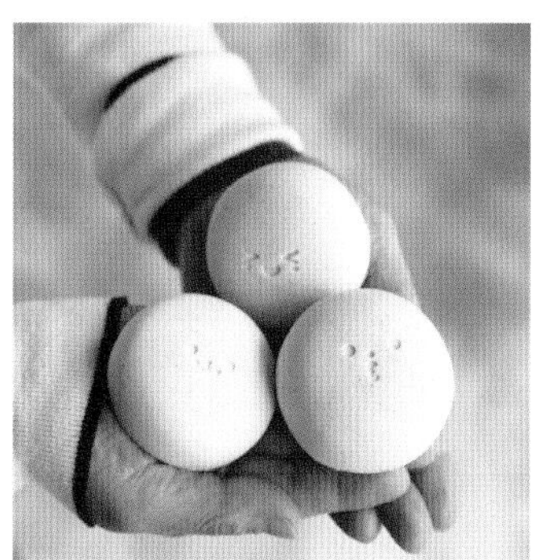

핸드메이드 클래스

올 어바웃 클렌저